- 保存力のもとでの，非粘性バロトロピー流

$$\frac{d}{dt}\left(\frac{\boldsymbol{\omega}}{\rho}\right) = \frac{1}{\rho}\boldsymbol{\omega}\cdot\nabla\mathbf{v}$$

- 複素速度ポテンシャル $f = f(z)$ と流れ (u, v) ： $\dfrac{df}{dz} = u - iv$

- ブラジウスの第 1 公式： $F_x - iF_y = \dfrac{i}{2}\rho \displaystyle\oint_C \left(\dfrac{df}{dz}\right)^2 dz$

- 発散定理： $\displaystyle\int_V \nabla\cdot\mathbf{A}\, dV = \int_S \mathbf{A}\cdot\mathbf{n}dS$

- ストークスの定理： $\displaystyle\oint_C \mathbf{A}\cdot d\mathbf{r} = \int_S (\nabla\times\mathbf{A})\cdot\mathbf{n}dS$

- グリーンの公式：

$$\phi_{\mathrm{A}} = -\frac{1}{4\pi}\int_V \frac{1}{r}\nabla^2\phi\, dV + \frac{1}{4\pi}\int_S \frac{1}{r}\left[\frac{\partial\phi}{\partial n} - \phi\frac{\partial}{\partial n}\left(\frac{1}{r}\right)\right]dS$$

- ∇ を含む公式：

$$\nabla\times(\mathbf{A}\times\mathbf{B}) = \mathbf{B}\cdot\nabla\mathbf{A} - \mathbf{A}\cdot\nabla\mathbf{B} + \mathbf{A}(\nabla\cdot\mathbf{B}) - \mathbf{B}(\nabla\cdot\mathbf{A})$$

$$\nabla(\mathbf{A}\cdot\mathbf{B}) = (\mathbf{B}\cdot\nabla)\mathbf{A} + (\mathbf{A}\cdot\nabla)\mathbf{B} + \mathbf{B}\times\nabla\times\mathbf{A} + \mathbf{A}\times\nabla\times\mathbf{B}$$

$$\mathbf{A}\cdot\nabla\mathbf{A} = \nabla\left(\frac{|\mathbf{A}|^2}{2}\right) - \mathbf{A}\times\nabla\times\mathbf{A}$$

$$\nabla\times(\nabla\times\mathbf{A}) = \nabla(\nabla\cdot\mathbf{A}) - \nabla^2\mathbf{A}$$

- 円柱座標 $(x = r\cos\theta,\ y = r\sin\theta,\ z)$ の公式：

流れ： $\quad u_r = \dfrac{dr}{dt},\ u_\theta = r\dfrac{d\theta}{dt},\ u_z = \dfrac{dz}{dt}$

勾配： $\quad \nabla\phi = \dfrac{\partial\phi}{\partial r}\mathbf{e}_r + \dfrac{1}{r}\dfrac{\partial\phi}{\partial\theta}\mathbf{e}_\theta + \dfrac{\partial\phi}{\partial z}\mathbf{e}_z$

発散： $\quad \nabla\cdot\mathbf{v} = \dfrac{1}{r}\left(\dfrac{\partial ru_r}{\partial r} + \dfrac{\partial u_\theta}{\partial\theta} + \dfrac{\partial ru_z}{\partial z}\right)$

ラプラシアン： $\quad \Delta\phi = \nabla^2\phi = \dfrac{1}{r}\dfrac{\partial}{\partial r}\left(r\dfrac{\partial\phi}{\partial r}\right) + \dfrac{1}{r^2}\dfrac{\partial^2\phi}{\partial\theta^2} + \dfrac{\partial^2\phi}{\partial z^2}$

JN017508

流体力学

「流れ」を方程式で表すとは

境田太樹 [著]

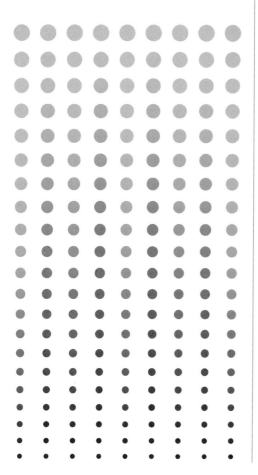

15

フロー式
物理演習
シリーズ

須藤彰三
岡　真
[監修]

共立出版

刊行の言葉

　物理学は，大学の理系学生にとって非常に重要な科目ですが，"難しい"という声をよく聞きます．一生懸命，教科書を読んでいるのに分からないと言うのです．そんな時，私たちは，スポーツや楽器（ピアノやバイオリン）の演奏と同じように，教科書でひと通り"基礎"を勉強した後は，ひたすら（コツコツ）"練習（トレーニング）"が必要だと答えるようにしています．つまり，1つ物理法則を学んだら，必ずそれに関連した練習問題を解くという学習方法が，最も物理を理解する近道であると考えています．

　現在，多くの教科書が書店に並んでいますが，皆さんの学習に適した演習書（問題集）は，ほとんど見当たりません．そこで，毎日1題，1ヵ月間解くことによって，各教科の基礎を理解したと感じることのできる問題集の出版を計画しました．この本は，重要な例題30問とそれに関連した発展問題からなっています．

　物理学を理解するうえで，もう1つ問題があります．物理学の言葉は数学で，多くの"等号（=）"で式が導出されていきます．そして，その等号1つひとつが単なる式変形ではなく，物理的考察が含まれているのです．それも，物理学を難しくしている要因であると考えています．そこで，この演習問題の中の例題では，フロー式，つまり流れるようにすべての導出の過程を丁寧に記述し，等号の意味がわかるようにしました．さらに，頭の中に物理的イメージを描けるように図を1枚挿入することにしました．自分で図に描けない所が，わからない所，理解していない所である場合が多いのです．

　私たちは，良い演習問題を毎日コツコツ解くこと，それが物理学の学習のスタンダードだと考えています．皆さんも，このことを実行することによって，驚くほど物理の理解が深まることを実感することでしょう．

須藤 彰三

岡 真

まえがき

　水や空気のように，すきまなく空間を占めて存在し，決まった形をもたず，力を加えると容易に変形するものが流体である．流体力学は流体の運動についての学問であり，私達の日常にある身近なものから，地球規模，あるいは宇宙の規模のものまで，様々なスケールの流れや波や渦の研究に用いられている．流体力学はまた，流体そのものの運動のほかにも，流体中の物体に作用する力や挙動についての研究にも用いられる．そのような理由で，流体力学に興味を持ち，勉強したいという方も多いであろう．しかし，先に述べたように流体力学が関連する分野は非常に多いので「いったいどこから勉強したらよいのやら」と惑う方もいると思う．本書は，そのような，これから流体力学を学ぼうという方に向けて書いた．

　本書の内容と問題の構成は，東北大学理学部で開講している流体力学演習という科目に基づいている．これは物理系の大学2年生を対象とした科目で，90分×15回で，粘性流体のナビエ・ストークスの式が出てくるあたりまでを教える．演習の目的は，受講した学生がこの先どのような分野に進むにせよ必要となる基礎的な事柄を学ぶことである．そしてこれは，本書の目的でもある．

　物理系の大学2年生を対象とした科目に基づくという背景から，本書の読者としては，理系の大学1，2年生レベルの力学と数学の知識を習得している方を想定している．力学については，ニュートンの運動の法則を知っていれば，とりあえずは十分である．数学については，多変数関数やベクトル関数，複素関数，微分方程式，行列等に関する知識が必要である．大学1，2年生レベルだと，こうした数学的知識が十分に定着しておらず，数学のハードルはやや高いかもしれない．流体力学は，数学の勉強も一緒にできる「一粒で二度おいしい学問である」と思って，頑張りましょう．

　本書に含まれる問題，特に，発展問題はそれなりに骨がある．大学2年生を対象にこれまで流体力学演習を担当してきた経験から言えば，本書の問題をすらすら解ける人は非常に優秀であると思う．言い方を変えると，大学2年

生のレベルでは物理系の学生であっても苦労するということである．だから，問題が解けなくても落胆する必要はない．できないことをできるようにするために授業や演習があり，教科書があり，参考書があり，演習書があるのだから．本書の説明不足を補うために付録を用意している．付録は共立出版ホームページ（https://www.kyoritsu-pub.co.jp/bookdetail/9784320035140）にてダウンロードできるので，活用していただけると幸いである*．

　筆者自身の過去を省みるに，演習というと，導いた答えが正解か不正解かというところにのみ関心があった．そうして，不正解だと「わからない．もういい」と投げ出し，たまたま正解するとなんとなくわかった気になって，そこで思考が停止していた．今さらだが，若い時を無駄にしたと思う．複雑な流体の運動が比較的簡単な数式で表されるということに感動する感受性がほしかった．紙と鉛筆で解けるところまで問題を単純化した先人の深い洞察力に気付くセンスがほしかった．そのためには，正解・不正解のレベルで留まらず，さらに一歩，より深く考えることをしなければならなかった．読者の方には，情けない筆者の轍を踏まず，流体力学にじっくり取り組み，そして，とにかく楽しんでほしい．この演習書が次に続く勉強のためのよき始まりの書とならんことを切に願う．

　最後に，本シリーズの監修の先生方と編集者の方々には，原稿が遅れに遅れたことお詫びする．そして，出版まで辛抱強くお付き合いいただいたことに感謝する．また，この演習書に収録している問題の多くは，歴代の東北大学・理学部の流体力学・流体力学演習を担当された先生方から引き継いだものである．このことをお断りするとともに，先任の方々に謝意を表する．それから，9章と10章のいくつかの図を描くのにはGeneric Mapping Tools (GMT) を使った．ここに記してお礼を申し上げる．

　　2020年1月　　　　　　　　　　　　　　　　　　　　　　境田太樹

---

*付録閲覧用パスワード：fLd2020

目　次

数式の表記について

特に断りのない場合，本書の全体を通して，座標系は直交座標 O-xyz を用いる．また，時間を表す変数として t を用いる．ベクトルおよびベクトル関数を $\mathbf{v} = (u, v, w)$ のように表記している場合は，直交座標系を用いている．

各軸方向の，大きさが 1 のベクトルである単位ベクトルを明示して表記することもある．例えば，$\mathbf{v} = (u, v, w)$ を直交座標の単位ベクトル $\mathbf{i}, \mathbf{j}, \mathbf{k}$ を用いて，

$$\mathbf{v} = u\,\mathbf{i} + v\,\mathbf{j} + w\,\mathbf{k}$$

と書くこともある．これは，球座標や円筒座標などを用いる場合で，使用している座標系を区別する必要があるときにそうする．直交座標以外の座標系を使うときは必ず単位ベクトルを明記する．例えば，球座標 (λ, θ, r) で u が λ 方向，v が θ 方向，w が r 方向の速度成分のときは，各方向の単位ベクトル $\mathbf{e}_\lambda, \mathbf{e}_\theta, \mathbf{e}_r$ を用いて，

$$\mathbf{v} = u\,\mathbf{e}_\lambda + v\,\mathbf{e}_\theta + w\,\mathbf{e}_r$$

と書く．

重要度
★★★★★

1 流体の運動を数式で表す

すきまがない

容易に変形する

決まった形がない

図 1.1: 流体の特徴を表す模式図その 1.

───《 内容のまとめ 》───

　水や空気のように，すきまなく空間を占めて存在し，決まった形をもたず，力を加えると容易に変形する液体や気体をひとくくりにして**流体**という（図1.1）．流体力学は，その流体の運動について論じる学問である．

　歴史的には，流体力学は，ニュートンの運動の法則が世に出た後の 18 世紀に生まれた．ところで，本書の読者の多くはすでに「力学」を学び，そうして「流体力学」を学ぶところであろう．それはつまり，18 世紀の流体力学誕生前夜の先人と同じ立場にあるということである．したがって，先人と同じ立場にたって次の問いについて考える，とても貴重な時機でもある．さて，「力学」といえば「運動の法則」，そして「運動方程式」であるので，考えてみよう：

流体の運動方程式を導出するにはどうしたらよいか？

　現実にある流体とみなせるものは，多数の原子や分子の集合体である．そこで，その集合体の運動についての考察から運動方程式にアプローチするというのは，方法のひとつである．しかし，この方法を理解するには熱力学や統計力学の知識が必要で，本書のカバーする範囲を超える．また，18世紀の先人と同じ立場にたつなら，分子レベルの話には立ち入らないというのが基本的なスタンスである．違う方法を考えよう．

　ものの本によれば，流体の運動方程式の導出を最初に試みたのは，ヨハン・ベルヌーイ（1667生-1748没）である[1]．先人たちは，流体を微小部分に分割し，その微小部分ならばニュートンの運動の法則が適用できると考えた（図1.2）．なお，微小部分に分割するといっても，先ほど述べたように原子や分子への分割ではない．あくまで観念的なものである．それでは，この微小部分に分割するというアイディアを使って，流体の運動を数式でどのように表すかという問題に答えよう．

　流体を分割して生じる微小な欠片を，本書では**流体粒子**とよぶ．流体粒子は，1つひとつを区別できて，その1つひとつの流体粒子の動きを追跡できるとする．適当な座標系[2]を考えて，ある時刻 t の流体粒子の位置ベクトル（以下「位置」と省略）を $\mathbf{r}(t)$ と表す．時刻 $t = t_0$ から $t = t_1$ の間のその流体粒子を追跡することにより，その変位ベクトル（変位）$\mathbf{x}$ は次のように求められる．

$$\mathbf{x} = \mathbf{r}(t_1) - \mathbf{r}(t_0) \tag{1.1}$$

この変位の時間変化率（の極限）が流体粒子の速度ベクトル（速度）$\mathbf{v}$ である．これは微分を用いて，

$$\mathbf{v} = \frac{d\mathbf{x}}{dt} \tag{1.2}$$

と書ける．直交座標の成分で書けば，変位を $\mathbf{x} = (x, y, z)$ として速度 $\mathbf{v} = (u, v, w)$ は，

---

[1] 伊藤 (2010).
[2] 流体粒子とともには動かない座標系.

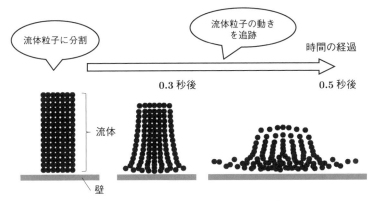

図 1.2: 流体の運動を流体粒子に分割して考える（イメージ）.

$$u = \frac{dx}{dt}, \quad v = \frac{dy}{dt}, \quad w = \frac{dz}{dt} \tag{1.3}$$

となる.

　流体粒子は微小であるが，0 ではない質量 M をもつことにする．それで，$M\mathbf{v}$ という流体粒子の運動量（ベクトル）を導入する．流体粒子にはニュートンの運動の法則が適用できるから，運動の第 2 法則（運動方程式）を使うことで，

$$\frac{dM\mathbf{v}}{dt} = \mathbf{F} \tag{1.4}$$

という方程式が得られる．右辺の $\mathbf{F}$ は，流体粒子の運動を変化させる「力」である．流体粒子の運動方程式が導出できて，すなわち，これで流体の運動を数式で表すことができた．

　ここまでの話からわかるように，流体の運動を数式で表すことは，これまで質点の力学でやってきた運動方程式の導出と同じである．これはもちろん，ニュートンの運動の法則を数式化の土台にしたからであり，これまで学んだ運動の法則が流体力学の前提となっていることを，この 1 章では，特に強調しておきたい．

　さて，それでは流体力学は，質点の力学とまったく同じなのかというと，そうではない．これからその異なる話をすることになる．が，そのためには色々と準備が必要であり，詳しい話は章立てをして段階的に行う．ここでは，異な

る話の要点のみを記す.

(a) 流体粒子は 1 つではないので,流体の運動を知るためにはすべての流体粒子を区別し,かつ,そのすべての流体粒子の運動を知る必要がある.

(b) 流体粒子は 1 つではないので,流体粒子間の相互作用が常にある.その相互作用による力を応力といい,これを運動方程式に明示する.

(a) については,流体を流体粒子というものの集まりとみなし,各流体粒子を追跡することにより流体の運動を調べる方法をラグランジュ的な方法という.ラグランジュ的な方法に基づいた運動方程式を解く「粒子法」とよばれる方法があるが,これは計算機の使用を前提とした特殊なものである.ラグランジュ的な方法により得られた,ある瞬間の流体の運動の「分布」は,空間に固定された座標系での値の分布に置き換えることができる.そうすると,流体粒子を陽には扱わずに済ませることができる.これは 2 章で説明する.

(b) について,応力とは,流体粒子どうしが互いの面を通して作用し合う力である.流体の運動を数式で表すときには,流体粒子の相互作用に起因する力(**J** とする)とそれ以外の力(**K** とする)を区別して書くのが基本の形となる.つまり,運動方程式は

$$\frac{dM\mathbf{v}}{dt} = \mathbf{J} + \mathbf{K} \tag{1.5}$$

という形になる.これについては 4 章と 5 章で説明する.

最後に,流体の運動を考えるために導入した流体粒子についての注意点を述べる.流体粒子にニュートンの運動の法則を適用したために,「流体粒子」=「質点」と思った人がいたら,それは誤りである.流体の運動方程式を導出するときには「面」を通して作用する応力が登場するし,流体の微小部分の変形からどういう力が作用したかを考察することもある.つまり,無限に小さいといいながら,時として,流体粒子は大きさや形をもつ.そのため,そういうものに「粒子」という言葉は合わないと感じるかもしれない.本書では**流体粒子**とよぶが,教科書によって**流体要素**,**流体素分**など色々な呼び方がなされている.「川に浮かぶ,水が入ったビニール袋」という例えもある[3].流体力学の学

---

[3]望月と市川 (2010).

習が進み，流体粒子という呼び名が皆さんの語感に合わないと感じたら，それ
に最もよく合う呼び名で読み替えてほしい．

　流体粒子はまた，液体や気体を構成する原子や分子を理想化したものでは
ない点も重ねて注意しておこう．加えて，現実の液体や気体の場合，ミクロ
に見れば，原子や分子のある所とない所が存在しているので，隙間がある．し
かし，流体力学では，そういう隙間は考えない．流体中にどれだけ微小な領
域（体積 V）をとったとしてもそこには必ず流体があって，0 ではない質量
M となるとする．これを連続という[4]．

　M が流体粒子の質量であるとき，この M の時間変化について

$$\frac{dM}{dt} = 0 \tag{1.6}$$

が成り立つ．これも，先に挙げた (a), (b) に続く要点のひとつで，意味は，

(c) 流体粒子の質量は保存する.

ということになる．流体粒子の質量が時間変化するとなると，考えている系の
外からそれを加えたり減らしたりということをしなくても，流体粒子が勝手に
生成したり，消滅したりすることになるからである（図 1.3）．要点 (c) は連続
の式とよばれる式と関係するが，これについては 3 章で説明する．

　流体粒子に関する (c) の条件 (1.6) を使うと，流体粒子の運動方程式の左辺
は，

$$\frac{dM\mathbf{v}}{dt} = M\frac{d\mathbf{v}}{dt} + \mathbf{v}\frac{dM}{dt} = M\frac{d\mathbf{v}}{dt} \tag{1.7}$$

となるので，運動方程式は

$$M\frac{d\mathbf{v}}{dt} = \mathbf{F} = \mathbf{J} + \mathbf{K} \tag{1.8}$$

のように，さらに書き換えられる．運動方程式のこの話の続きは，いくつかの
準備の後に 4, 5 章で行う．

---

[4]流体力学では，質量の代わりに，密度（単位体積あたりの質量 $\rho = \frac{M}{V}$）を使う．密度
ρ は連続関数であり，流体中のある「点」での密度というものが登場する．これを「体積を 0
（$V = 0$）としたときの密度」と勘違いしてはいけない．質量（密度）以外の物理量について
も流体中では「連続に」分布していると考える．

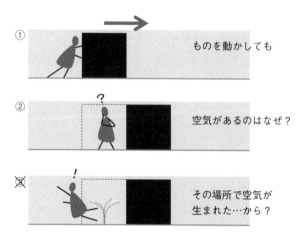

① ものを動かしても

② 空気があるのはなぜ?

③ その場所で空気が
生まれた…から?

図 1.3: 流体の特徴を表すための模式図その 2. 何かモノを動かしてもそこに空気のない「真空」状態が出現したりはしない. しかし, モノを動かした途端にその場に新しい空気が生まれるわけではない.

例題 1　ラグランジュ的な気流の追跡

気球を利用して上空の気流を観測した．気球の高度は 12 km で一定とし，北緯 35 度の緯線上を 10 日間で 1 周したとする．この情報から，高度 12 km での風速の大きさを推測せよ．

考え方

気球を流体粒子とみたてて，気球の速度が風速に対応すると考える．地球を半径 a の球とし，気球の高度を h とすると，気球は

$$R = (a + h) \cos 35°$$

を半径とする円周上を移動する（図 1.4）．

この問題は，1966 年に南半球で実施された気球観測を参考にしている．ニュージーランドからとばした気球は，高度 12 km の所を，約 49 日間で 4 回以上地球を周回した[5]．そのため，問題では緯線上を 10 日間で 1 周したとした．

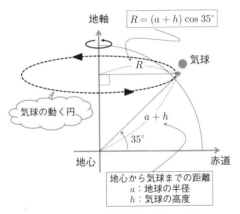

図 1.4: 気球が移動する円の半径の求め方．

---

[5] 小倉 (1994).

‖解答‖

気球が動く円の半径 R は,

$$R = (6400 + 12)\cos 35° \fallingdotseq 6412 \times 0.8192$$

$$\fallingdotseq 5252.7 \,\mathrm{km}$$

となるので, 気球が一周する距離は,

$$2\pi R \fallingdotseq 3.3 \times 10^4 \,\mathrm{km} = 3.3 \times 10^7 \,\mathrm{m}$$

である.

この距離を 10 日間 $(= 8.64 \times 10^5$ 秒$)$ で, 一定の速度 V で移動したとすると

$$V = \frac{3.3 \times 10^7}{8.64 \times 10^5} \fallingdotseq 40 \,\mathrm{m \cdot s^{-1}}$$

となる.

ワンポイント解説

・$\cos 35° \fallingdotseq 0.8192$

実際の気球の軌跡は円ではなく大きく蛇行している. 上空の気流の速さも実際は 40 $\mathrm{m \cdot s^{-1}}$ よりもずっと大きい.

例題 2　ラグランジュ的な運動方程式を解く

　水平面 O-xy 上を流体粒子が運動している. x, y 方向の流体粒子の速度 $\mathbf{v}$ の成分を, それぞれ u, v とする ($\mathbf{v} = (u, v)$). 流体粒子に作用している単位質量あたりの力 $\mathbf{f}$ が,

$$\mathbf{f} = (-cv,\ cu)$$

であるとき, 流体粒子はどのような運動をしているか. c は正の定数とする.

考え方

　流体粒子の運動方程式:

$$M\frac{d\mathbf{v}}{dt} = \mathbf{F}$$

を使って考える. この両辺を流体粒子の質量 M で割れば, 右辺の $\frac{\mathbf{F}}{M}$ は単位質量あたりの力 $\mathbf{f}$ である. したがって, 考えるべき運動方程式は,

$$\frac{du}{dt} = -cv, \quad \frac{dv}{dt} = cu$$

となる. なお, この連立微分方程式の解き方は色々と考えられる. 解答は一例である.

‖解答‖

　時刻 t の流体粒子位置ベクトルを $\mathbf{r} = (x, y)$ と書くと,

$$\frac{dx}{dt} = u, \ \frac{dy}{dt} = v$$

であるので, これと運動方程式とを組み合わせる. すると,

$$\frac{d}{dt}\left(\frac{dx}{dt} + cy\right) = 0, \ \frac{d}{dt}\left(\frac{dy}{dt} - cx\right) = 0$$

となる. これより, A, B を任意の定数として,

ワンポイント解説

$$\frac{dx}{dt} + cy = A, \; \frac{dy}{dt} - cx = B$$

が成り立つと考えることができる．これから，

$$\frac{dy}{dx} = \frac{\dfrac{dy}{dt}}{\dfrac{dx}{dt}} = \frac{cx + B}{A - cy}$$

を導くことができる．

ここで，

$$X = cx + B, \; Y = A - cy = -(cy - A)$$

とおくと，

$$dX = cdx, \; dY = -cdy$$

より

$$\frac{dY}{dX} = -\frac{X}{Y}$$

となるので，

$$d\left(X^2 + Y^2\right) = 0.$$

つまり，D を任意の定数として，

$$X^2 + Y^2 = (cx + B)^2 + (cy - A)^2 = D$$

となって，流体粒子は円を描くように運動している．

力 **f** が地球の自転によるコリオリの力のとき，この円運動を慣性振動という．

1 章の発展問題

1-1. ある夏の日，晴れていると思ったら急に入道雲が発生し，夕立となったという状況を考えてみよう．入道雲は，地表面で加熱された空気塊が上昇して生じたとする．雲のない状態のときの鉛直風速を $0\,\mathrm{m\cdot s^{-1}}$ とし，そこから 1 時間後，入道雲の高さが高度 $10\,\mathrm{km}$ に達したとすると，鉛直方向に空気塊が上昇する速度は，おおよそどのくらいと見積もることができるか．

1-2. 上の問題において，空気塊の鉛直方向の運動の加速度を見積もってみよ．さらに，求めた加速度が重力加速度のおよそ何倍になるか答えよ．

1-3. 流体粒子の質量を M，その速度を $\mathbf{v}$，流体粒子に作用している力を $\mathbf{F}$ とする．流体粒子の運動エネルギー $K_E = \frac{1}{2}M\,|\mathbf{v}|^2$ について，

$$\frac{dK_E}{dt} = \mathbf{v}\cdot\mathbf{F}$$

が成り立つことを示せ．

2 オイラーと ラグランジュの関係

――――《 内容のまとめ 》――――

　前章で説明したように，流体を流体粒子の集まりとみなすラグランジュ的な方法を用いると，ニュートンの運動の法則と流体の運動方程式の関係がわかりやすい．しかし，そうして導出した方程式を解くことを考えると，流体粒子の数だけ方程式が出てくるなど問題点が多い．

　流体の運動，あるいは，その運動に伴う流体の状態変化を観測するラグランジュ的な方法とは別の方法がある（図 2.1）．それは，空間に固定された点で流体の物理量を観測するという方法で，これをオイラー的な方法という（図2.1(b)）．オイラー的な方法に基づく運動方程式を導出できれば，そこでは流体粒子は不要となる．この章では，ラグランジュ的な方法により得られたある瞬間の流体の運動の「分布」を空間に固定された座標系での値の分布に変換するための関係，すなわち，オイラーとラグランジュの関係について説明する．

　ポイントは，オイラー的な方法とラグランジュ的な方法をいかに数学的に表現するかである．観測したい物理量を A とする．ラグランジュ的な方法でこれを観測するとき（図 2.1(a)），観測位置 (x, y, z) は流体粒子とともに動く．つまり，$(x(t), y(t), z(t))$ である．それゆえ，物理量 A は，$A(x, y, z) = A(x(t), y(t), z(t))$ となるので，結局，時間 t のみの 1 変数関数 $A(t)$ と表現できる[1]．

―――――――――――――

[1]流体を構成する流体粒子は 1 つではないので，ラグランジュ的な方法で流体全体の運動を考える場合の変数は，時間 t だけでなく，流体粒子の初期位置（あるいは，流体粒子を区別できるものなら何でもよい）も変数となる．

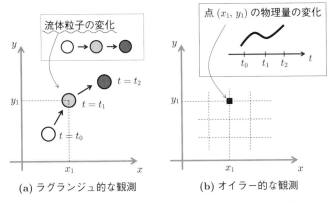

(a) ラグランジュ的な観測　　**(b) オイラー的な観測**

図 2.1: (a) ラグランジュ的な方法による観測と (b) オイラー的な方法による観測の模式図.

一方, オイラー的な方法の場合は, 固定された位置で観測する. したがって, 物理量 A は, 空間位置 (x, y, z) と時間 t を独立変数とする多変数関数 $A(x, y, z, t)$ として表現される.

ラグランジュ的な観測による流体粒子の物理量 A の変化は, 変数は時間 t のみであるので, 流体粒子に着目したときの時間変化率を

$$\frac{dA}{dt} \tag{2.1}$$

と書き, これを本書ではラグランジュ的な微分とよぶ. これと, オイラー的な方法で観測した物理量 A の変化との間には,

$$\frac{dA}{dt} = \frac{\partial A}{\partial t} + u\frac{\partial A}{\partial x} + v\frac{\partial A}{\partial y} + w\frac{\partial A}{\partial z} \tag{2.2}$$

という関係が成立する. 式 (2.2) は直交座標を用いており, u, v, w はそれぞれ x, y, z 方向の流れ $\mathbf{v}$ の成分である. $\dfrac{\partial A}{\partial t}$, $\dfrac{\partial A}{\partial x}$ 等は, 物理量 A の時間 t や空間座標 x の偏微分である. $\dfrac{\partial A}{\partial t}$ は, ラグランジュ的な微分とは異なり, 固定された点における物理量 A の時間変化を表す.

式 (2.2) は, 流れ $\mathbf{v} = (u, v, w)$ とナブラ演算子[2]を用いて,

---

[2]座標系の各軸方向の 1 階の偏導関数を形式的にベクトルのように記述したものがナブラ演算子である. 直交座標の場合は $\nabla = \left(\frac{\partial}{\partial x}, \ \frac{\partial}{\partial y}, \ \frac{\partial}{\partial z} \right)$ である.

$$\frac{dA}{dt} = \frac{\partial A}{\partial t} + \mathbf{v} \cdot \nabla A \tag{2.3}$$

と書ける．右辺第 2 項の $\mathbf{v} \cdot \nabla A$ を**移流項**という．移流とは，流れによる物理量の移動である．例えとして，温度 T の変化を考える．話を簡単にするために，流れは x 方向のみであるとして，

$$\frac{dT}{dt} = \frac{\partial T}{\partial t} + u\frac{\partial T}{\partial x} = Q$$

から，

$$\frac{\partial T}{\partial t} = -u\frac{\partial T}{\partial x} + Q$$

となる．この式は，ある固定された場所での温度変化が，移流 $\left(u\dfrac{\partial T}{\partial x}\right)$ とそれ以外 (Q) によって生じることを表す．また，流れの方向 x に温度が変化していないとき $\left(\dfrac{\partial T}{\partial x} = 0\right)$，$u$ がどんなに大きくても移流による温度変化はない（図 2.2）．

図 2.2: 移流による物理量の変化の説明．

式 (2.2) を「オイラーとラグランジュの関係」という．このオイラーとラグランジュの関係を理解するには，手を動かしてこの関係の導出過程を追うのがよい．例題 3 は 1 次元の場合のオイラーとラグランジュの関係を導く問題で，まずは解いてみてほしい．導出方法が理解できたら，応用として 2 次元の場合を考えてみるのもよい．

ところで，式 (2.2) は，速度が

$$u = \frac{dx}{dt}, \quad v = \frac{dy}{dt}, \quad w = \frac{dz}{dt}$$

であることから,

$$\frac{dA}{dt} = \frac{\partial A}{\partial t} + \frac{dx}{dt}\frac{\partial A}{\partial x} + \frac{dy}{dt}\frac{\partial A}{\partial y} + \frac{dz}{dt}\frac{\partial A}{\partial z} \tag{2.4}$$

のようになり, さらに, この両辺に dt を掛ければ,

$$dA = \frac{\partial A}{\partial t}dt + \frac{\partial A}{\partial x}dx + \frac{\partial A}{\partial y}dy + \frac{\partial A}{\partial z}dz \tag{2.5}$$

となる. つまり, オイラーとラグランジュの関係は, 物理量 A の全微分に対応する. これは, オイラーとラグランジュの関係では, 微小な δt 時間の間に流体粒子が点 P (座標:$\mathbf{r}_\mathrm{P}$) から点 Q (座標:$\mathbf{r}_\mathrm{Q} = \mathbf{r}_\mathrm{P} + \delta\mathbf{r}$) に移動したときの物理量の変化に, 点 P から点 Q に至る経路は影響しないことを暗に仮定しているということでもある.

例題 3　オイラーとラグランジュの関係の導出

流体の物理量 A について，固定された位置 x において観測した物理量 A の，時刻 t における値を $A(x, t)$ で表す．以下の問いに答えよ．

(a) $t = t_0$ で $x = x_0$ にあった流体粒子が，$t = t_1$ で $x = x_1$ に移動した．この間の物理量の変化 ΔA を，$A(x_0, t_0)$ と $A(x_1, t_1)$ を用いて書き表せ．

(b) (a) の ΔA について

$$\frac{\Delta A}{t_1 - t_0} \simeq \frac{\partial A}{\partial t} + \frac{\partial A}{\partial x}\frac{x_1 - x_0}{t_1 - t_0}$$

と書けることを示せ．

(c) (b) を利用して，1 次元の場合のオイラーとラグランジュの関係を求めよ．

考え方

1 次元の場合のオイラーとラグランジュの関係を求める問題である．(b) では，問題文中には明示していないが，$t_1 = t_0 + \Delta t$, $x_1 = x_0 + \Delta x$ で，Δt や Δx は十分小さいとして，テーラー展開を使用する．そして，$\Delta t^2, \Delta x^2$ などの項は微小であるとして無視する．(c) では，$\Delta t = t_1 - t_0 \to 0$ という極限を考えたとき，

$$\frac{x_1 - x_0}{t_1 - t_0} \to \frac{dx}{dt} = u, \qquad \frac{\Delta A}{t_1 - t_0} \to \frac{dA}{dt}$$

とする．

‖解答‖

(a) ΔA は，

$$\Delta A = A(x_1, t_1) - A(x_0, t_0)$$

となる．ラグランジュ的な観測による物理量 A の変化（左辺）とオイラー的な観測による A の変化（右辺）の関係を表している．

(b) $x_1 = x_0 + (x_1 - x_0)$, $t_1 = t_0 + (t_1 - t_0)$ で，$x_1 - x_0$

ワンポイント解説

や $t_1 - t_0$ が十分小さいとして $A(x_1, t_1)$ をテーラー
展開し，高次の項を無視すれば，

$A(x_1, t_1)$
$$\simeq A(x_0, t_0) + \frac{\partial A}{\partial t}(t_1 - t_0) + \frac{\partial A}{\partial x}(x_1 - x_0).$$

これより，

$A(x_1, t_1) - A(x_0, t_0)$
$$= \Delta A \simeq \frac{\partial A}{\partial t}(t_1 - t_0) + \frac{\partial A}{\partial x}(x_1 - x_0).$$

この両辺を $t_1 - t_0$ で割ると，

$$\frac{\Delta A}{t_1 - t_0} \simeq \frac{\partial A}{\partial t} + \frac{\partial A}{\partial x}\frac{x_1 - x_0}{t_1 - t_0}$$

となる．

(c) $x_1 - x_0$ と $t_1 - t_0$ が十分小さいので，

$$\frac{x_1 - x_0}{t_1 - t_0} \to \frac{dx}{dt} = u$$

および，

$$\frac{\Delta A}{t_1 - t_0} \to \frac{dA}{dt}$$

と考えれば

$$\frac{dA}{dt} = \frac{\partial A}{\partial t} + u\frac{\partial A}{\partial x}$$

となる．

・流体粒子の移動に
よる変化なのでラ
グランジュ的な微
分．

例題 4　"∂" と "d" のちがい

　物理量 I が時間変化しないということを数式で表現せよ.

考え方

　「時間変化しない」だから, 時間を表す変数を t として,

$$\frac{dI}{dt} = 0$$

と書ける. しかし, オイラーとラグランジュの関係を学んだ後では, この表記はひとつの候補にすぎない. もうひとつの候補として,

$$\frac{\partial I}{\partial t} = 0$$

も考えられる. "∂" と "d" というちょっとした微分記号の違いによって物理的な意味が大きく変わることに特に注意してほしい.

　次のような例え話はどうであろう (図 2.3). 変数 I を「愛」と読むと「愛は変わらない」を数式で表そうとしていることになる (授業だと, ウケ狙いで「僕の愛は変わらないよ」を数式で書くとどうなる? と問います). 2 種類の「変わらない」の違いは何だろう. 考えてみようという気になっただろうか.

図 2.3: 花束に添えられたメッセージ. 浮気者はどっち?

‖解答‖

ラグランジュ的な微分を用いた場合,

$$\frac{dI}{dt} = 0$$

と書ける. この式は, 流体粒子のもつ物理量 I が, 流体粒子が時間とともに移動しても「時間変化しない」=「保存される」という意味になる. あるいは, I は一定という意味になる.

オイラー的な微分を用いた場合,

$$\frac{\partial I}{\partial t} = 0$$

と書ける. この場合, 位置 A(x_0, y_0, z_0) において, 時刻 $t = t_0$ と時刻 $t = t_1$ で観測した物理量は等しいので,

$$I(x_0, y_0, z_0, t_0) = I(x_0, y_0, z_0, t_1)$$

である. 位置 A とは異なる位置 B(x_1, y_1, z_1) においても,

$$I(x_1, y_1, z_1, t_0) = I(x_1, y_1, z_1, t_1)$$

である. しかし, 位置 A と位置 B の物理量が等しい;

$$I(x_0, y_0, z_0, t_0) \overset{?}{=} I(x_1, y_1, z_1, t_0)$$

かどうかは**不明**である. つまり, 時間変化はしないが, 空間的に変化していないかどうかはわからない.

ある物理量について, 時間的にはその値が変わらないことを定常という. $\frac{\partial I}{\partial t} = 0$ は「I は定常」という意味になる.

ワンポイント解説

・数式の意味を考えることに慣れるためにも, 色々な日本語「訳」を考えてみよう.

2章の発展問題

2-1. a, b を定数とする. $z_0 \leqq z \leqq z_1$ の区間で, 温度 T が $T = b - az$ である流体がある. これを, ラグランジュ的な方法とオイラー的な方法で観測する. ラグランジュ的な方法では, $t = t_0$ で $z = z_0$ にある温度を測る機器を一定速度で移動させて $t = t_1$ で $z = z_1$ に到達させる. その後すぐ, 測器を逆向きに一定速度で移動させて, $t = t_2$ で $z = z_0$ に戻す. オイラー的な方法では, $z = z_2$ $(z_0 < z_2 < z_1)$ の点で, $t = t_0$ から t_2 の間の温度を測る. 2つの方法による温度観測の結果を, 縦軸を温度, 横軸を時間とするグラフ上に図示せよ.

2-2. 次の計算の誤りを指摘せよ.

(a) 位置ベクトル $\mathbf{r} = (x, y, z)$ の x 成分の微分;

$$\frac{dx}{dt} = \frac{\partial x}{\partial t} + u\frac{\partial x}{\partial x} + v\frac{\partial x}{\partial y} + w\frac{\partial x}{\partial z} = u + u \times 1 + v \times 0 + w \times 0$$
$$= 2u.$$

(b) 流速ベクトルの x 成分についての, オイラー的時間微分の計算;

$$\frac{\partial u}{\partial t} = \frac{\partial}{\partial t}\left(\frac{dx}{dt}\right) = \frac{d}{dt}\left(\frac{\partial x}{\partial t}\right) = \frac{d}{dt}(0) = 0.$$

2-3. 直交座標における流れ $\mathbf{v} = (u, v, w)$ について,

$$\mathbf{v} \cdot \nabla \mathbf{v} = \nabla\left(\frac{|\mathbf{v}|^2}{2}\right) - \mathbf{v} \times \nabla \times \mathbf{v}$$

が成立することを示せ.

2-4. 2次元極座標において, 流れが $\mathbf{v} = u_r\,\mathbf{e}_r + u_\theta\,\mathbf{e}_\theta$ であるとする. このとき,

$$\mathbf{v} \cdot \nabla \mathbf{v} = \left(u_r\frac{\partial u_r}{\partial r} + \frac{u_\theta}{r}\frac{\partial u_r}{\partial \theta} - \frac{u_\theta^2}{r}\right)\mathbf{e}_r$$
$$+ \left(u_r\frac{\partial u_\theta}{\partial r} + \frac{u_\theta}{r}\frac{\partial u_\theta}{\partial \theta} + \frac{u_r u_\theta}{r}\right)\mathbf{e}_\theta$$

となることを示せ.

3 連続の式

―――――《 内容のまとめ 》―――――

　運動方程式の話をする前に，この章では，1章で紹介した要点 (c)「流体粒子の質量の保存」に関係する連続の式について説明する．

　流体が連続である（隙間なく存在する）ということを前提として，ある領域に流体が流入した，あるいは流出したときの，その領域における流体の変化について考察しよう．流体は，考えている領域に，その領域の「面」を通して出入りする．そこで，面を通しての流入・流出を表す量として流束（フラックス）というものを導入する（図 3.1）．

　流れを $\mathbf{v}$ とする．$\mathbf{v}$ は流体粒子の移動速度であるので，流体粒子とともに密度や運動量やエネルギーなどの物理量も $\mathbf{v}$ で移動する．単位体積あたりの物理量を E として，流体中の任意の面 S を通過する E の量である

$$B = \int_S (E\mathbf{v}) \cdot \mathbf{n}dS \tag{3.1}$$

を考える．これが物理量 E の流束である[1]．dS は面要素で，$\mathbf{n}$ は面要素の単位法線ベクトルである．$\mathbf{n}dS = d\mathbf{S}$ とも書く．式 (3.1) の $(E\mathbf{v}) \cdot \mathbf{n}$ は，面 S を実質的に通過するものとして，面に垂直な流れによるものだけを考えるということを意味している（図 3.1）．

　連続の式の導出のために，空間に固定された領域 V を考える．V はまた，その形も大きさも変化しないとする（図 3.2）．ここでは，この V のような，流れの一部分を取り囲み空間に固定した領域を検査域とよび，また，検査域 V の境界面 S を検査面とよぶ[2]．空間に固定された領域で考えるので，オイ

―――――――――――――――――
[1] $E\mathbf{v}$ を物理量 E の流束密度という．
[2] 細井 (1992).

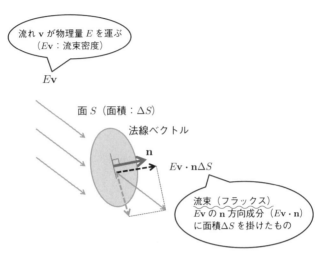

図 3.1: 物理量 E の流束.

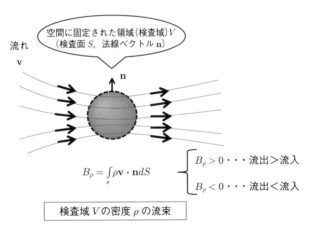

図 3.2: 空間に固定された検査域 V の密度 ρ の流束 B_ρ.

ラー的に流体を観測していることに注意しよう.

検査面 S における単位体積あたりの質量, すなわち, 密度 ρ の流束 B_ρ を考える (図 3.2). これは,

$$B_\rho = \int_S (\rho\mathbf{v}) \cdot \mathbf{n} dS \tag{3.2}$$

である．ところで，この B_ρ の単位は，［密度 $(\text{kg} \cdot \text{m}^{-3})$］×［速度 $(\text{m} \cdot \text{s}^{-1})$］×［面積 (m^2)］という計算をしているので，$\text{kg} \cdot \text{s}^{-1}$（単位時間あたりの質量）である．したがって，考えている密度の流束 (B_ρ) は，ある瞬間の領域 V への質量の流入・流出の収支と考えることができる．

なお，固定された領域を囲む面の法線ベクトルの向きは，領域内から領域外へ向かう方向を正とする．したがって，ある瞬間に領域の外から内へと流入する質量のほうが多いときに $B_\rho < 0$，内から外へ流出する質量のほうが多いときに $B_\rho > 0$ である．

検査域 V の質量の時間変化を

$$C_\rho = \frac{\partial}{\partial t} \int_V \rho dV \tag{3.3}$$

として，B_ρ と C_ρ の関係について考える．面 S を通して質量が流入・流出すれば，当然，領域 V の質量も変化する．例えば，$B_\rho > 0$ なら領域 V から流出する質量が多いということであるから，領域 V の質量は減少する．つまり，$C_\rho < 0$ となるだろう．逆に $B_\rho < 0$ なら，$C_\rho > 0$ となるだろう．したがって，B_ρ と C_ρ の関係は $C_\rho \propto -B_\rho$ であり，

$$\frac{\partial}{\partial t} \int_V \rho dV = -\int_S (\rho \mathbf{v}) \cdot \mathbf{n} dS + Q \tag{3.4}$$

と書けるだろう．

式 (3.4) の Q は，検査面 S を介した流入出以外の方法で検査域 V の質量の増減をもたらす「何か」であり，ここでは物理量 ρ の生成・消滅の項である．Q については，領域 V を通過するだけで質量が増える，あるいは減るということは自然な状態ではないことなので $Q = 0$ である．ゆえに，

$$\frac{\partial}{\partial t} \int_V \rho dV = -\int_S (\rho \mathbf{v}) \cdot \mathbf{n} dS \tag{3.5}$$

となる．

ここで，発散定理を使う[3]．すると，B_ρ は次のように書き換えることができる：

---

[3]ベクトル関数を $\mathbf{A}$ とすると $\int_V \nabla \cdot \mathbf{A} dV = \int_S \mathbf{A} \cdot \mathbf{n} dS$. 厳密な証明ではないが，発散定理で面積分が体積分になるカラクリについては例題 5 で理解できると思う．

$$B_\rho = \int_S (\rho\mathbf{v}) \cdot \mathbf{n}dS = \int_V \nabla \cdot (\rho\mathbf{v})dV.$$

よって，

$$\frac{\partial}{\partial t} \int_V \rho dV = -\int_S (\rho\mathbf{v}) \cdot \mathbf{n}dS = -\int_V \nabla \cdot (\rho\mathbf{v})dV$$

であり，さらに左辺の微分と積分の順序を入れ替えて式を整理すると，

$$\int_V \left[\frac{\partial \rho}{\partial t} + \nabla \cdot (\rho\mathbf{v})\right] dV = 0$$

となる．これから，

$$\frac{\partial \rho}{\partial t} + \nabla \cdot (\rho\mathbf{v}) = 0 \tag{3.6}$$

という関係を導くことができる．これを，**連続の式**という．直交座標では，

$$\frac{\partial \rho}{dt} + \frac{\partial \rho u}{\partial x} + \frac{\partial \rho v}{\partial y} + \frac{\partial \rho w}{\partial z} = 0 \tag{3.7}$$

と書ける．

　1章では，流体の運動を調べるために流体粒子を導入した．そのとき，「流体粒子の質量 M は保存される」，すなわち

$$\frac{dM}{dt} = 0 \tag{3.8}$$

という条件があることを述べた．単位体積あたりの質量である密度 ρ と流体粒子の体積 δV を用いると，$M = \rho \delta V$ より

$$\frac{dM}{dt} = \frac{d\rho\delta V}{dt} = \rho\frac{d\delta V}{dt} + \delta V\frac{d\rho}{dt} = 0.$$

よって，

$$\frac{d\rho}{dt} = -\rho\frac{1}{\delta V}\frac{d\delta V}{dt}.$$

ところで，流体の微小体積に対しては，次の関係[4]が成り立つ：

---

[4]この関係を体積ひずみ速度という．1次元の場合のこの関係の導出を発展問題 3-2 に出題している．

$$\frac{1}{\delta V}\frac{d\delta V}{dt} = \nabla \cdot \mathbf{v}. \tag{3.9}$$

ここで $\mathbf{v}$ は流体の速度である．この関係を用いると，

$$\frac{d\rho}{dt} + \rho \nabla \cdot \mathbf{v} = 0 \tag{3.10}$$

が導かれる．これも連続の式である．オイラーとラグランジュの関係を用いると，式 (3.6) に書き換えることができる（発展問題 3-1）．

運動中に密度変化を伴う流体を**圧縮流体**といい，運動中に密度変化を伴わない流体を**非圧縮流体**という．非圧縮流体は密度が一定，すなわち

$$\frac{d\rho}{dt} = 0$$

である．このとき連続の式は次のようになる．

$$\nabla \cdot \mathbf{v} = 0. \tag{3.11}$$

水と空気の等温圧縮率[5]は，水が 20℃，1 気圧で 0.45×10^{-9} Pa^{-1} で[6]，空気は 1 気圧のとき，おおよそ 10^{-5} Pa^{-1} である[7]．空気の等温圧縮率は，水の約 20,000 倍なので「水（液体）は非圧縮流体」で「空気（気体）は圧縮流体」とするのが妥当のように思うかもしれない．しかし，非圧縮流体とみなせるかどうかの判断の際に重要なのは，物性ではなく，運動をしているときの密度の変化である．密度変化が小さければ，水であろうと空気であろうと非圧縮流体として扱って構わない[8]．

---

[5]温度が一定の条件下で物質を加圧したとき，その体積が加圧前に比べてどのくらい変化するかを比率で表したもの．

[6]Pa は圧力の単位で，パスカルと読む．1 気圧は 101325 Pa である．

[7]理想気体の等温圧縮率 K_T は，圧力を p として，$K_T = p^{-1}$．

[8]非圧縮流体とみなすことができる密度変化の目安は 5% 以下である（細井，1992）．

例題 5　連続の式の導出

密度 ρ の流体が $\mathbf{v} = (u, 0, 0)$ で流れている．この流れの検査域として，6 つの平面 $x = x_0$, $x = x_0 + \delta x$, $y = y_0$, $y = y_0 + \delta y$, $z = z_0$, $z = z_0 + \delta z$ で囲まれた直方体の領域 V を考える．x_0, y_0, z_0 は定数であり，$\delta x, \delta y, \delta z$ は正の定数で微小であるとする．

(a) 検査域の面 $x = x_0$ における密度の流束を求めよ．

(b) 密度の流束の，検査域の 2 つの面 $x = x_0$ と $x = x_0 + \delta x$ における収支を求めよ．

(c) (b) で求めた収支と，領域 V の質量の時間変化の関係から，連続の式を求めよ．

考え方

1 次元の場合の連続の式を求める問題である．(a), (b) では，面の法線ベクトルの向きに注意する（図 3.3）．

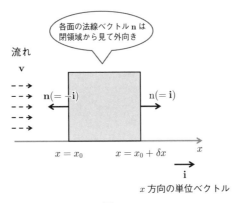

図 3.3

(b) では，テーラー展開を使用する．(c) では，正・負の符号について，物理的な考察が必要である．

‖解答‖

(a) 法線ベクトルは，$\mathbf{n} = -\mathbf{i}$ なので，面 $x = x_0$ の密度の流束は，

$$\rho\mathbf{v} \cdot \mathbf{n}dS = \rho\mathbf{v} \cdot -\mathbf{i}\delta y\delta z = -\rho u(x_0)\delta y\delta z$$

となる．

(b) 面 $x = x_0 + \delta x$ の密度の流束は，

$$\rho\mathbf{v} \cdot \mathbf{n}dS = \rho\mathbf{v} \cdot \mathbf{i}\delta y\delta z = \rho u(x_0 + \delta x)\delta y\delta z$$

となる．面 $x = x_0$ と面 $x = x_0 + \delta x$ の流束の和は，テーラ展開を用いて

$$\rho u(x_0 + \delta x)\delta y\delta z - \rho u(x)\delta y\delta z \simeq \frac{\partial \rho u}{\partial x}\delta x\delta y\delta z$$

となる．

(c) 領域 V の質量の時間変化

$$\frac{\partial(\rho\delta x\delta y\delta z)}{\partial t}$$

は，(b) で求めた流束の収支とつり合う．ただし，領域 V の法線ベクトルの向きからわかるように，面を通した流体の流入出の方向は，流出する方向が正である．流出するときには質量は減少すると考えられるので，時間変化と質量の収支の符号は逆になる．つまり，

$$\frac{\partial(\rho\delta x\delta y\delta z)}{\partial t} = -\frac{\partial \rho u}{\partial x}\delta x\delta y\delta z$$

式を整理すると，

$$\frac{\partial \rho}{\partial t} = -\frac{\partial \rho u}{\partial x}$$

が導かれる．

ワンポイント解説

・ここでは $\rho(x,y,z,t)u(x,y,z,t)$ をひとまとめとし，また，変数も必要なもの以外は省略して $\rho u(x)$ と書く．ρ は一定ではないことに注意．

・面積分 $(\delta y\delta z)$ が体積分 $(\delta x\delta y\delta z)$ に変わる．

例題 6　連続の式の応用

　図 3.4 のような管に密度 ρ の流体を速度 $\mathbf{v}$ で，管の入口 A から出口 B の方向に流す．入口 A の面積と密度の流束を S_A, Q_A，出口 B の面積と密度の流束を S_B, Q_B とする．入口と出口で流束の大きさが等しい，すなわち，

$$|Q_\mathrm{A}| = \left| \int_{S_\mathrm{A}} \rho \mathbf{v} \cdot \mathbf{n} dS \right| = \left| \int_{S_\mathrm{B}} \rho \mathbf{v} \cdot \mathbf{n} dS \right| = |Q_\mathrm{B}|$$

であるとき，$\dfrac{\partial \rho}{\partial t} = 0$ となることを示せ．管内で流体が生成したり，消滅したりはしないとする．

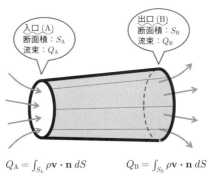

入口 (A)
断面積：S_A
流束：Q_A

出口 (B)
断面積：S_B
流束：Q_B

$Q_\mathrm{A} = \int_{S_\mathrm{A}} \rho \mathbf{v} \cdot \mathbf{n} \, dS$　　　$Q_\mathrm{B} = \int_{S_\mathrm{B}} \rho \mathbf{v} \cdot \mathbf{n} \, dS$

図 3.4

考え方

　管の側面の面積を S_S とする．2 つの断面 S_A, S_B と側面 S_S に囲まれた領域は閉領域となる．発散定理を適用することを考えよう．

‖解答‖

　管の側面の面積を S_S とする．断面 S_A, S_B と側面 S_S に囲まれた閉領域を V として，ガウスの発散定理より

$$\int_{S_\mathrm{A}} \rho \mathbf{v} \cdot \mathbf{n} dS + \int_{S_\mathrm{S}} \rho \mathbf{v} \cdot \mathbf{n} dS + \int_{S_\mathrm{B}} \rho \mathbf{v} \cdot \mathbf{n} dS$$

$$= \int_V \nabla \cdot (\rho \mathbf{v}) dV$$

ワンポイント解説

・各面の法線ベクトルを同じ記号 $\mathbf{n}$ を使って書き表しているが，それぞれ向きが異なることに注意．

である．この左辺のうち，側面を通過する流れはないの
で，

$$\int_{S_{\mathrm{S}}} \rho \mathbf{v} \cdot \mathbf{n} = 0$$

である．また，入口 A と出口 B の法線ベクトルの向き
は，閉領域から外に向かう方向を正とするので，$Q_{\mathrm{A}} <$
0 で $Q_{\mathrm{B}} > 0$ となる．流束の大きさが同じという条件か
ら，

$$\int_{S_{\mathrm{A}}} \rho \mathbf{v} \cdot \mathbf{n} dS + \int_{S_{\mathrm{B}}} \rho \mathbf{v} \cdot \mathbf{n} dS = 0$$

となる．よって，

$$\int_{V} \nabla \cdot (\rho \mathbf{v}) dV = 0.$$

すなわち，

$$\nabla \cdot (\rho \mathbf{v}) = 0$$

である．連続の式と比較すると，

$$\frac{\partial \rho}{\partial t} = 0$$

である．

管に入ってくる質量と管から出ていく質量が等しいので，管内の質量は変化しない．管の体積も変化しないので $\frac{\partial \rho}{\partial t} = 0$ である．

3章の発展問題

3-1. 連続の式

$$\frac{\partial \rho}{\partial t} + \nabla \cdot (\rho \mathbf{v}) = 0$$

が，次のようになることを示せ：

$$\frac{d\rho}{dt} + \rho \nabla \cdot \mathbf{v} = 0.$$

3-2. 1次元の流れを考える．流れの方向を x とし，速度を u とする．x 軸に平行に置かれた長さ δx の棒が流れによって変形し，δt 時後に長さが $\delta x'$ となったとき，

$$\frac{1}{\delta x} \frac{\delta x' - \delta x}{\delta t} = \frac{\partial u}{\partial x}$$

となることを示せ．

3-3. 1次元の水路を非圧縮流体が流れている．流れの方向を x とし，流速を u，流体が静止している状態のときの深さを h，流れに伴う h からの変位を η とする．$h \gg \eta$ のとき，

$$\frac{\partial \eta}{\partial t} = -h \frac{\partial u}{\partial x}$$

が成り立つことを示せ．h は定数とする．

4 オイラーの運動方程式

図 4.1: 風はなぜ吹くのか？　波や渦はどうして生じるのだろ
う？　どんな方程式がそれに答えてくれるのだろうか.

《 内容のまとめ 》

1 章では，ニュートンの運動の法則に基づき，流体の運動方程式として

$$M \frac{d\mathbf{v}}{dt} = \mathbf{F}$$

を導いた．ここで，左辺はラグランジュ的な時間微分であり，M は流体粒子
の質量，$\mathbf{v}$ は流体粒子の速度である．右辺の力 $\mathbf{F}$ については 1 章で，

$$\mathbf{F} = \mathbf{J} + \mathbf{K}$$

と書き，流体粒子の相互作用に起因する力 $\mathbf{J}$ とそれ以外の力 $\mathbf{K}$ があることを
述べた．この章ではこれらの力について説明し，「オイラーの運動方程式」と
して知られる流体の運動方程式を導出する．

まず，$\mathbf{K}$ について説明する．これは，流体に直接触れることなく流体の外

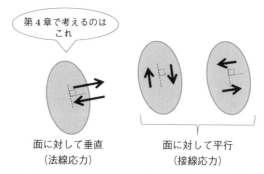

図 4.2: 面に作用する応力. 4 章では法線応力のみ考える.

から流体の大きさ（体積）に応じて作用する力で，**体積力**あるいは**外力**とい
う．代表的なものは重力である．外力の中身は流体の置かれている環境などの
外的要因で変わる．そのため，これはこのまま **K** と書くことにする．

次に，**J** について説明しよう．相互作用は流体内の任意の面を通して生じ
るので，これは**面積力**とよばれる．また，単位面積あたりの面積力を応力と
いう．面積力（応力）は，流体を構成する分子の相互作用に起因する力であ
る[1]．分子レベルでの相互作用は常に生じている．しかし，流体力学では，分
子レベルよりもはるかに大きなスケールでものごとをとらえるという立場な
ので，**J** = **0** という状態も可能である．これは，流体中のある面において，同
じ面の表側に作用する力（例えば$\mathbf{J}_1$）と裏側に作用する力（$\mathbf{J}_2$）がつり合っ
て，見かけ上，運動に寄与する力がない．つまり，**J** = $\mathbf{J}_1 + \mathbf{J}_2$ = **0** と解釈
するのである．逆に，運動に寄与する面積力は，面（の片側ともう 1 つの側）
に作用する力に違いがあるときに生じるということになる．

応力は，面に対して垂直に作用するものと，面に対して平行に作用するもの
が考えられる（図 4.2）．前者を**法線応力**，後者を**接線応力**という．この 4 章
では法線応力のみを考える．これは流体の粘性を考慮しないということとほぼ
同義であり，このような流体を**完全流体**という．粘性，あるいは接線応力の作
用については，次の 5 章で説明する．

法線応力と流体の運動の関係を考えてみよう．流体中に固定された微小

---

[1]気体の場合は分子の衝突が，液体の場合は分子間力が要因であるらしい．

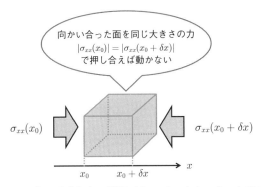

図 4.3: 流体の運動と力の関係（その 1）．向かい合った面に作用する力が同じなら，流体は動かない．

な直方体領域 D があるとして，その D 内の流体を法線応力で動かそう（図 4.3, 4.4）．座標系は直方体 D の各辺が x, y, z 軸方向に平行となるようにとる．x, y, z 方向の各辺の長さをそれぞれ，$\delta x, \delta y, \delta z$ とする．

　法線応力の表記は，例えば，$x = $（一定）の面に作用する x 方向の法線応力を σ_{xx} のように書く．なお，同じ面で（面の法線ベクトルの向きが）逆向きの法線応力は σ_{-xx} で，$\sigma_{-xx} = -\sigma_{xx}$ である．これより，同じ面に対して作用する法線応力は，$\sigma_{xx} + \sigma_{-xx} = \sigma_{xx} - \sigma_{xx} = 0$ となり，作用・反作用の法則が成り立つ．

　D 内の流体を x 方向に動かすには，この直方体の $x = x_0$，あるいは $x = x_0 + \delta x$ の面に法線応力を作用させればよい．しかし，$x = x_0$ と $x = x_0 + \delta x$ の 2 つの面に，大きさは同じだが方向が正反対の力が作用する場合は，その力は相殺して運動には寄与しない（図 4.3）．運動に寄与する力は，δx だけ離れた 2 つの面に作用する力の "差"[2] によって生じる（図 4.4）．

　σ_{xx} の作用する面の面積が $\delta y \delta z$ であることに留意すると，領域 D 内の流体の x 方向の運動に寄与する力は，

---

[2]$x = x_0, x = x_0 + \delta x$ 面の法線ベクトルをそれぞれ $\mathbf{n}_1, \mathbf{n}_2$ とする．x 方向の単位ベクトルを $\mathbf{i}$ とすると $\mathbf{n}_1 = -\mathbf{i}, \mathbf{n}_2 = \mathbf{i}$ である．$x = x_0$ 面に作用する力は $\mathbf{F}_1 = \sigma_x x(x_0) \mathbf{n}_1 \delta y \delta x$，$x = x_0 + \delta x$ 面に作用する力は $\mathbf{F}_2 = \sigma_x x(x_0 + \delta x) \mathbf{n}_2 \delta y \delta x$ であるので，x 方向の力は $\mathbf{i} \cdot (\mathbf{F}_1 + \mathbf{F}_2) = [\sigma_{xx}(x + \delta x) - \sigma_{xx}(x)] \delta y \delta z$ となる．ベクトルとして D に作用する力の「和」は，作用する面の法線ベクトルの向きが逆になることで「差」になる．

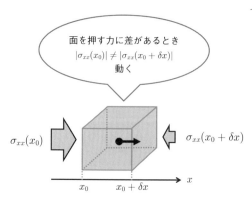

図 4.4: 流体の運動と力の関係（その 2）．向かい合った面に作用する力に差があるとき，流体は動く．

$$[\sigma_{xx}(x+\delta x) - \sigma_{xx}(x)]\,\delta y\delta z \simeq \frac{\partial\sigma_{xx}}{\partial x}\delta x\delta y\delta z \tag{4.1}$$

である[3]．

y 方向，z 方向についても同様である．$y=($一定$)$ の面に作用する y 方向の法線応力を σ_{yy} とすると，y 方向の運動に寄与するのは，

$$[\sigma_{yy}(y+\delta y) - \sigma_{yy}(y)]\,\delta x\delta z \simeq \frac{\partial\sigma_{yy}}{\partial y}\delta x\delta y\delta z \tag{4.2}$$

であり，$z=($一定$)$ の面に作用する z 方向の法線応力を σ_{zz} とすると，z 方向の運動に寄与するのは，

$$[\sigma_{zz}(z+\delta z) - \sigma_{zz}(z)]\,\delta x\delta y \simeq \frac{\partial\sigma_{zz}}{\partial z}\delta x\delta y\delta z \tag{4.3}$$

である．

ところで，ここまで x, y, z 方向の法線応力を区別して表記したが，流体中の面に垂直に作用する力のみを考える場合，

$$\sigma_{xx} = \sigma_{yy} = \sigma_{zz}$$

となる．これは，流体中の微小領域が，面を通して作用する力だけでつり合って動かないための条件から導出できる．図 4.5 の例では，面 AB に作用す

---

[3] $\sigma_{xx}(x, y, z, t)$ であるが，不要な変数は省略している．

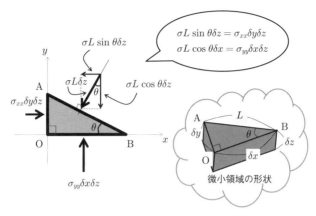

図 4.5: 断面が三角形になる微小領域の，面を通して作用する力のつり合い．紙面に垂直な z 方向の厚み δz は一定とする．三角形 OAB の辺 OA は y 軸に平行で，その長さを δy，そこに作用する法線応力を σ_{xx} とする．辺 OB は x 軸に平行で，その長さを δx，そこに作用する法線応力を σ_{yy} とする．辺 AB の長さを $L = \sqrt{\delta x^2 + \delta y^2}$，そこに作用する法線応力を σ とする．角 ABO を θ とする．

る力の $x\,(y)$ 成分が面 OA（面 OB）に作用する力とつり合っていると考える．$L \sin\theta = \delta y$，$L \cos\theta = \delta x$ に留意すれば，

$$\sigma_{xx} = \sigma_{yy} = \sigma$$

となる．

面に垂直に作用する単位面積あたりの力を圧力という．圧力を p とし，

$$\sigma_{xx} = \sigma_{yy} = \sigma_{zz} = -p \tag{4.4}$$

とする[4]．これより，

$$\mathbf{J} = \left(-\frac{\partial p}{\partial x}, -\frac{\partial p}{\partial y}, -\frac{\partial p}{\partial z}\right)\delta x \delta y \delta z = (-\nabla p)\,\delta x \delta y \delta z \tag{4.5}$$

となる．以上から，$\mathbf{J}$ は圧力 p の勾配 (∇p) で表されることがわかった．これを圧力傾度力という．

以上までの "力" についての考察を反映させると，完全流体の運動方程式

---

[4]マイナスを付けるのは圧力傾度力の向きと運動の向きを一致させるためである．法線応力と圧力の関係式であって，負の圧力を考えているわけではない．

は,

$$M \frac{d\mathbf{v}}{dt} = (-\nabla p)\, \delta x \delta y \delta z + \mathbf{K} \tag{4.6}$$

となる. ここで, 流体の密度を ρ とすると, $M = \rho \delta x \delta y \delta z$ であり, 両辺を M で割って単位質量あたりの力を考えることにすると, 運動方程式は

$$\frac{d\mathbf{v}}{dt} = -\frac{1}{\rho}\nabla p + \mathbf{K}. \tag{4.7}$$

さらに, 2 章のオイラーとラグランジュの関係を使って,

$$\frac{\partial \mathbf{v}}{\partial t} + \mathbf{v}\cdot\nabla \mathbf{v} = -\frac{1}{\rho}\nabla p + \mathbf{K} \tag{4.8}$$

となる. これを**オイラーの運動方程式**という. $\mathbf{K}$ は記号を変えていないが, 式 (4.7), (4.8) では, 単位質量あたりの力となっていることに留意されたい.

────────────《 **状態方程式** 》────────────

オイラーの運動方程式の変数は, 速度 $\mathbf{v} = (u, v, w)$ と, 圧力 p, 密度 ρ の 5 つである. これら 5 つの変数に対し方程式の数は, 運動方程式の 3 式に連続の式の 1 式を加えて 4 式である. 変数の数と式の数を一致させることが方程式を解くための必要条件であるので, 式がもう 1 つ必要である.

方法のひとつは, 非圧縮流体 (3 章; $\nabla\cdot\mathbf{v} = 0$) とみなすことである. このとき, ρ_0 を定数として $\rho = \rho_0$ (一定) とできる.

もうひとつの方法は, 密度 (ρ) と圧力 (p) を結びつける状態方程式の導入である. 「密度が高い → 流体粒子が集中している → 流体粒子間の相互作用が起こりやすい → 圧力が大きい」であるから, 密度と圧力の間に関係があると考えることは不自然ではない. ただし, 流体力学の範囲内では, 状態方程式の具体的な式の形を導出することはできない. 既知の式を使う, あるいは, 理論が破綻しない範囲で簡単化された式を使うことになる.

密度が圧力のみの関数 ($p = f(\rho)$) で表されるような状態を**バロトロピー** (順圧) といい, そのような状態にある流体を**バロトロピー流体**という. 等温変化や断熱変化をする空気などは, バロトロピー流体とみなせる. ちなみに, 順圧でない状態を**傾圧**という. 圧力に対して「順」であったり, 「傾」であっ

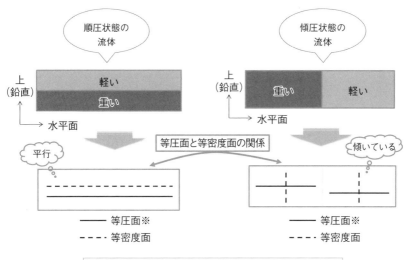

図 4.6: 順圧状態と傾圧状態，および，それぞれの状態のとき
の等密度面と等圧面の関係の模式図．傾圧状態の図は真ん中に
仕切りがあるわけではない．これはあくまでも模式図であるこ
とを強調しておく．

たりするのは密度で，等密度面と等圧面が平行な状態が順圧，平行でない状態
が傾圧である（図 4.6）．

バロトロピー流体では，密度と圧力は圧力関数 (P) を用いて，

$$dP = \frac{dp}{\rho} \quad \left(P = \int \frac{dp}{\rho} \right) \tag{4.9}$$

のように関係づけられる．この圧力関数 P を用いると，圧力傾度力の項は

$$\frac{1}{\rho}\nabla p = \nabla P \tag{4.10}$$

となる．

《 境界条件 》

方程式を解くときには，境界条件も必要である．境界なので，境界面から流

体外に侵入する方向に流体は動けない．さらに，境界面から離れるように動くこともできない．離れるように動くと，境界面と流体領域の間に隙間ができてしまう．完全流体の境界条件は[5]，境界面が静止している場合は，境界面の法線ベクトルを $\mathbf{n}$，流体の速度を $\mathbf{v}$ として，

$$\mathbf{v} \cdot \mathbf{n} = 0 \tag{4.11}$$

と書ける．境界面が時間的に変動する場合は，境界面の形が $F(x,y,z,t) = 0$ で与えられているとき，

$$\frac{dF}{dt} = 0 \tag{4.12}$$

となる．この式 (4.12) の導出は発展問題 4-4 に出題している[6]．仮に，境界面の形が時間変化しない，すなわち $\frac{\partial F}{\partial t} = 0$ のとき

$$\frac{dF}{dt} = \mathbf{v} \cdot \nabla F = 0 \tag{4.13}$$

となるが，∇F は境界面の法線ベクトルに平行（$\nabla F \parallel \mathbf{n}$）であることから，式 (4.11) と一致する．

---

[5]粘性流体の境界条件は，境界面で境界面と等しい速度で動く（境界面が静止していれば $\mathbf{v} = \mathbf{0}$）という，粘着条件である．完全流体の境界条件との違いに注意してほしい．

[6]"$F = 0$ だから $\frac{dF}{dt} = 0$" ではない．$F = 0$ は境界面の形を与える方程式にすぎない．流体に対する境界条件を求めるには，境界面上にある流体の振る舞いについて考察する必要がある．

例題 7　オイラーの運動方程式の 3 成分

　流れが $\mathbf{v} = (u, v, 0)$，外力が重力 $\mathbf{K} = (0, 0, -g)$ のとき，オイラーの運動方程式の 3 成分を書き表せ．圧力を p，密度を ρ とする．ただし，g は重力加速度[7]で，定数とする．

考え方

　オイラーの運動方程式は，慣れないうちは書き間違うことが多い．何度も書いて練習するのがよい．直交座標系では

$$\mathbf{v} \cdot \nabla = u\frac{\partial}{\partial x} + v\frac{\partial}{\partial y} + w\frac{\partial}{\partial z}$$

であり，この問題では z 方向の流速 $w = 0$ である．圧力はスカラー関数である（ベクトルではない）ことに注意する．

‖解答‖

運動方程式の x, y, z 成分はそれぞれ，

$$\frac{\partial u}{\partial t} + u\frac{\partial u}{\partial x} + v\frac{\partial u}{\partial y} = -\frac{1}{\rho}\frac{\partial p}{\partial x},$$

$$\frac{\partial v}{\partial t} + u\frac{\partial v}{\partial x} + v\frac{\partial v}{\partial y} = -\frac{1}{\rho}\frac{\partial p}{\partial y},$$

$$0 = -\frac{1}{\rho}\frac{\partial p}{\partial z} - g$$

となる．

ワンポイント解説

・鉛直 (z) 方向の圧力傾度力と重力がつり合っている状態を，静水圧平衡という．

---

[7]単位質量あたりの力とするので，運動方程式には重力加速度が現れる．

例題 8　バロトロピー流体の状態方程式

理想気体が等温変化するときの状態方程式が，$p \propto \rho$ となることを示せ．p は圧力，ρ は密度である．

考え方

理想気体の状態方程式は，p を圧力，V を体積，T を温度，n をモル数，R を気体定数として，$pV = nRT$ で覚えている人が多いと思う．この状態方程式を書き換えることを考える．

‖解答‖

分子量 M の気体 n モルの質量を m とすると，

$$n = \frac{m \times 10^3}{M}$$

である．したがって，状態方程式は，

$$pV = \frac{m \times 10^3}{M} RT$$

となる．これは，$\rho = m/V$ であることから，

$$p = \rho R_m T$$

と書ける．ただし，ここで

$$R_m = \frac{R}{M} \times 10^3$$

とした．この R_m は定数であり，また，等温変化を考えているので

$$p \propto \rho$$

となる．

ワンポイント解説

・質量 m の単位は kg とする．

例題 9　流体が静止する条件

　粘性のないバロトロピー流体が静止するためには，外力がポテンシャル
をもたなければならないことを示せ.

考え方

　外力がポテンシャルをもつとは，外力が $\mathbf{K} = \nabla\phi$ のように，スカラー
関数 ϕ の勾配で表すことができるということである[8]. 外力が $\mathbf{K} = \nabla\phi$
と表されるとき，$\nabla \times \mathbf{K} = \nabla \times (\nabla\phi) = \mathbf{0}$ であるので，$\nabla \times \mathbf{K} = \mathbf{0}$ を示
すことを考える[9].

‖解答‖

　オイラーの運動方程式の両辺に $\nabla\times$ を作用させる:

$$\nabla \times \frac{d\mathbf{v}}{dt} = \nabla \times \left(-\frac{1}{\rho}\nabla p\right) + \nabla \times \mathbf{K}.$$

この右辺第 1 項は，

$$\nabla \times \left(-\frac{1}{\rho}\nabla p\right) = -\frac{1}{\rho^2}(\nabla\rho) \times (\nabla p)$$

となる．バロトロピー流体であるので $(\nabla\rho) /\!/ (\nabla p)$ であ
り，この項は 0 となる．

　$\mathbf{v} = \mathbf{0}$ のとき，左辺は $\mathbf{0}$ となるから

$$\nabla \times \mathbf{K} = \mathbf{0}$$

であり，$\mathbf{K}$ がポテンシャルをもつことが示された.

ワンポイント解説

　次の公式を使
う．スカラー関
数を ψ，ベクト
ル関数を $\mathbf{A}$ とす
る.
$\nabla \times (\psi\mathbf{A}) = (\nabla\psi) \times \mathbf{A} + \psi\nabla \times \mathbf{A}$,
$\nabla \times (\nabla\psi) = \mathbf{0}$

---

[8]外力がポテンシャルをもつとき，その外力による仕事は経路によらない．そのような力
を保存力という.
[9]発展問題 7-1 も参照.

例題 10　完全流体の境界条件

$z = 0$ に置かれた平板の境界を考える（図4.7）．平板は，一定の速度 U_0 で x 軸に平行に，その正の方向に動いているとする．完全流体の場合の境界条件を求めよ．

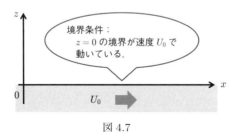

図 4.7

考え方

完全流体の場合は，境界面にある流体粒子が境界面から離れないという条件になるが，これを $F(x, y, z, t) = z = 0$ に対して，

$$\frac{dF}{dt} = 0$$

から示せばよい．

‖解答‖

流れを $\mathbf{v} = (u, v, w)$ と書くことにする．完全流体であるので，境界条件は $F(x, y, z, t) = z = 0$ に対して，

$$\frac{dF}{dt} = 0$$

となる．ここで，

$$\frac{\partial F}{\partial t} = 0, \ \ \nabla F = \frac{\partial z}{\partial z} = 1$$

であるので，

$$\frac{dF}{dt} = \frac{\partial F}{\partial t} + \mathbf{v} \cdot \nabla F = w = 0$$

となる．境界条件は，境界面から離れない ($w = 0$) という条件のみである．

ワンポイント解説

・境界は xy 面に平行に動いていることに注意する．

4章の発展問題

4-1. オイラーの運動方程式から出発して

> アルキメデスの原理：静止流体中の物体は，その物体が押しのけた流
> 体の重さに等しい重力と反対向きの力（浮力）を受ける

を証明せよ．

4-2. 流速ベクトルが $\mathbf{v} = (-\Omega y, \Omega x, 0)$，外力が $\mathbf{K} = (0, 0, -g)$ のとき，オ
イラーの流体の運動方程式から圧力 p を求めよ．ただし，流体の密度 ρ
は一定で，g は定数とする．

4-3. 理想気体の状態方程式が

$$p = \rho^{\gamma} \exp\left(\frac{S - S_0}{C_v}\right)$$

と書けることを示せ．ただし，p は圧力，ρ は密度，S はエントロピー，
S_0 は定数，C_v は定積比熱である．

4-4. 境界面が $F(x, y, z, t) = 0$ で表されるとき，完全流体の境界条件が

$$\frac{dF}{dt} = 0$$

となることを示せ．

4-5. 流体は密度 ρ の完全流体とする．流れ $\mathbf{v} = (u, v, w)$ の一部を取り囲み，
空間に固定した検査域を V，検査面を S とする．運動量ベクトルの x
成分 $E = \rho u$ の流束について，

$$\frac{\partial}{\partial t} \int_V E \, dV = -\int_S E\mathbf{v} \cdot d\mathbf{S} + Q$$

という関係があるとき，運動量の生成・消滅項である Q を求めよ．

5 ナビエ・ストークスの式

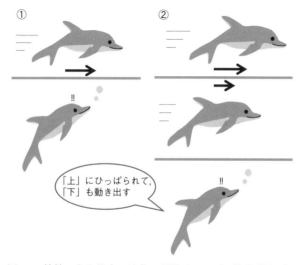

① ②

「上」にひっぱられて，
「下」も動き出す

図 5.1: 粘性のある場合の流体の運動イメージ．流体が上下の
2 層に分かれていて，はじめに上層のみが境界面に平行な方向
に動いていたとする．粘性があると，下層が上層に引きずられ
るように動く．あるいは，上層だけが動くことを許さない．下
層の運動は，境界面に垂直な方向ではなく，境界面に平行な方
向に作用した力で生じることも重要である．

《 内容のまとめ 》

　この章では，粘性の作用を考慮した運動方程式について説明する．粘性と
は，文字どおり粘り気，すなわち，くっつきやすいという性質のことである．

粘性のある流体内では，任意の面を挟んで接する流体粒子どうしがくっついているような状態となっている．それをずらそうとしたり，引きはがそうとしたりすると，そうさせまいという力が生じる．粘性により面を通して作用する面積力（応力）を，ここでは**粘性応力**とよぶ．図 5.1 は，粘性応力が引き起こす運動のイメージを表したものである．

　4 章で説明したオイラーの運動方程式では，粘性応力を無視していた．粘性応力をとりあえず $\mathbf{J}_v$ と書くことにしよう．粘性の作用のある流体の運動方程式は，オイラーの運動方程式にこの $\mathbf{J}_v$ を加えた，

$$\frac{d\mathbf{v}}{dt} = \frac{\partial \mathbf{v}}{\partial t} + \mathbf{v}\cdot\nabla\mathbf{v} = -\frac{1}{\rho}\nabla p + \mathbf{J}_v + \mathbf{K}$$

となるだろうか？

　果たして最終的な式の形はそうなるのだが，そこに至るまでの話はかなり複雑である．ここではまず，粘性応力の法線方向成分（法線応力）も接線方向成分（接線応力）も考慮した，**一般的な運動方程式**について説明する．次に，粘性応力が速度の 1 階の空間微分と比例関係にある場合を考えて粘性流体の運動方程式，つまりナビエ・ストークスの式を導出する．

　接線応力までも考慮することにすると，応力の表記に工夫が必要となる．図4.2 に示したように，応力には，面の向きとその面に対する作用の向きという 2 種類の向きが関係する[1]．法線応力だけを考慮する場合と異なり，応力の 2 種類の向きを明示しなければならないからである．4 章でも先取りしてこの表記法を使ったが，本書では応力を σ_{ij} と書き，添字 i, j で関係する向きを表す（図 5.2）．例えば，σ_{yx} は「$y = y_0$ のように表すことのできる面における x 方向の応力」である．また，面には"表"と"裏"がある．これは面の法線ベクトルの向きで区別する．例えば，σ_{yx} が"表"だとすると，その"裏"は σ_{-yx} のように表すことにする．なお，作用と反作用の法則により，同じ面の"表"と"裏"の関係は，圧力と同様に大きさは同じで，符号が反対となる．すなわち，

---

[1]応力は，大きさと（1 種類の）向きをもつベクトルとは本質的に異なるもので，2 階（2種類の向きが関係する）のテンソルである．本書では「テンソル」という用語は用いるが，実質的には使わないので，テンソルについて詳しく説明しない．

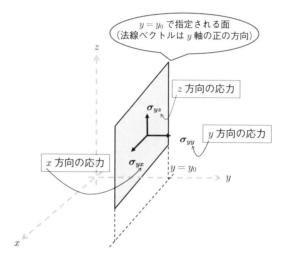

図 5.2: $y = y_0$ 面の応力とそれを表す記号の関係.

$$\sigma_{-ij} = -\sigma_{ij}$$

である.

$\sigma_{xx}, \sigma_{yy}, \sigma_{zz}$ のように添字に同じ記号が並ぶものは，4 章で説明したように，面に対して垂直に作用する応力，法線応力である．完全流体の場合と異なり，これらは一般には一致しないし，圧力でもない．

σ_{yx}, σ_{yz} のように添字の記号が異なるものは，面に平行な方向に作用する応力であり，これらは接線応力である．接線応力は，$\sigma_{xy} = \sigma_{yx}$ のように添字を入れ替えたものが等しくなる[2].

流体の運動と粘性応力の関係について考えよう．完全流体の運動方程式を導出したときと同様，ここでも面をわかりやすくするために直方体の流体領域 V を考える．領域の x, y, z 方向の辺の長さを $\delta x, \delta y, \delta z$ とする.

ポイントは，例えば領域 V の流体が x 方向に移動するとき，この方向に作用する応力は，完全流体のときに考えた σ_{xx} のほかに σ_{yx} と σ_{zx} があることである（図 5.3）.

各面の応力がそのまま流体の運動に寄与しないことは，完全流体の圧力傾度

---

[2]対称テンソルという．これは，面積力のみが作用している状況で，流体の微小部分が回転しないための条件である.

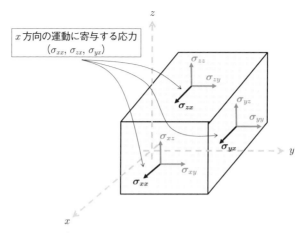

図 5.3: x 方向に移動している流体粒子の運動に関係する応力（濃い黒字）.

力で説明したことと同様である．向かい合った面の応力に差があるときに，それは，流体の運動に寄与する力となる．つまり，x 方向の運動に寄与する力は

$$\left[\sigma_{xx}(x+\delta x)-\sigma_{xx}(x)\right]\delta y\delta z \simeq \frac{\partial \sigma_{xx}}{\partial x}\delta x\delta y\delta z,$$

$$\left[\sigma_{zx}(z+\delta z)-\sigma_{zx}(z)\right]\delta x\delta y \simeq \frac{\partial \sigma_{zx}}{\partial z}\delta x\delta y\delta z,$$

$$\left[\sigma_{yx}(y+\delta y)-\sigma_{yx}(y)\right]\delta x\delta z \simeq \frac{\partial \sigma_{yx}}{\partial y}\delta x\delta y\delta z$$

より[3]，

$$\left[\frac{\partial \sigma_{xx}}{\partial x}+\frac{\partial \sigma_{yx}}{\partial y}+\frac{\partial \sigma_{zx}}{\partial z}\right]\delta x\delta y\delta z \tag{5.1}$$

である．さらに，運動方程式では単位質量あたりの力を考えるので，流体粒子の密度を ρ として，流体粒子の質量 $\rho\delta x\delta y\delta z$ で割って，

$$\frac{1}{\rho}\left[\frac{\partial \sigma_{xx}}{\partial x}+\frac{\partial \sigma_{yx}}{\partial y}+\frac{\partial \sigma_{zx}}{\partial z}\right] \tag{5.2}$$

である．

y 方向，z 方向についても同様である．y 方向は

---

[3] $\sigma_{xx}(x,y,z,t)$ などとなるが，不要な変数は省略している．

$$\frac{1}{\rho}\left[\frac{\partial \sigma_{xy}}{\partial x} + \frac{\partial \sigma_{yy}}{\partial y} + \frac{\partial \sigma_{zy}}{\partial z}\right] \tag{5.3}$$

であり，z 方向は

$$\frac{1}{\rho}\left[\frac{\partial \sigma_{xz}}{\partial x} + \frac{\partial \sigma_{yz}}{\partial y} + \frac{\partial \sigma_{zz}}{\partial z}\right] \tag{5.4}$$

である．

ここで，

$$\mathbf{P}_x = (\sigma_{xx}, \sigma_{xy}, \sigma_{xz}), \tag{5.5}$$

$$\mathbf{P}_y = (\sigma_{yx}, \sigma_{yy}, \sigma_{yz}), \tag{5.6}$$

$$\mathbf{P}_z = (\sigma_{zx}, \sigma_{zy}, \sigma_{zz}) \tag{5.7}$$

という粘性応力を成分としたベクトルを用いると，運動方程式は

$$\frac{d\mathbf{v}}{dt} = \frac{\partial \mathbf{v}}{\partial t} + \mathbf{v}\cdot\nabla\mathbf{v} = \mathbf{K} + \frac{1}{\rho}\left[\frac{\partial \mathbf{P}_x}{\partial x} + \frac{\partial \mathbf{P}_y}{\partial y} + \frac{\partial \mathbf{P}_z}{\partial z}\right] \tag{5.8}$$

と書ける．この式は粘性流体だけでなく，もっと一般の流体や固体にも使用することができる．ここでは，この式を一般的な運動方程式とよぶことにする．

次に，粘性応力 σ_{ij} の具体的な式の形について考えよう．粘性による応力が作用する簡単な例として，図5.4のような x 方向への一方向の流れを考える．さらに，x 方向の流速 U は y 方向にのみ変化しているとする．

流体中の x 軸に平行で $y = y_0$ で表すことのできる面 S_{AB} において，その面を挟んで隣接する領域 A と領域 B が互いに異なる速度で動くとき，粘性の作用によって，領域 B は領域 A に引きずられることになる．領域 A と領域 B が同じ速度で動いていれば，領域 B は領域 A に引きずられることはない．つまり，面 S_{AB} を挟んだ領域に速度差があるとき，粘性によって，面 S_{AB} において，その面に平行な力，すなわち接線応力が働くことになる．そこで，速度差と接線応力 τ の関係が，

$$\tau = \mu\frac{dU}{dy}$$

となると考える．これは流体の運動と応力の関係のひとつの形にすぎない．しかし，流体力学では，粘性応力が速度の1階の空間微分と比例関係にある場合のみを取り扱う．このような流体をニュートン流体といい，**通常，粘性流体**

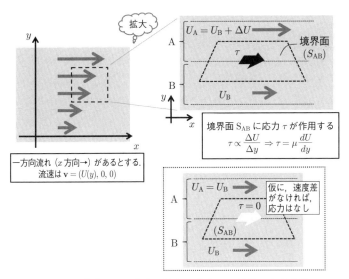

図 5.4: x 方向への一方向の流れのもとでの粘性による応力.

といえば，このニュートン流体のことを指す.

　比例係数 μ は**粘性率**とよばれる．粘性率の単位は，パスカル・秒 [Pa·s]，あるいは，ニュートン・秒／平方メートル [N·s·m^{-2}]，キログラム／メートル・秒 [kg·m^{-1}·s^{-1}] である．粘性率は流体によって値が異なる．例えば，20℃ の水の粘性率は 1.002×10^{-3} Pa·s，20℃ のエタノール (100%) の粘性率は 1.200×10^{-3} Pa·s，20℃ の空気の粘性率は 1.822×10^{-5} Pa·s である．密度の大きさが同じぐらいであれば，粘性率の大きい流体は粘っこく，粘性率の小さい流体はさらさらしていると考えてよい[4].

　粘性率を密度で割った

$$\nu = \frac{\mu}{\rho} \tag{5.9}$$

を，**動粘性率**という．動粘性率の単位は，平方メートル／秒 [m^2·s^{-1}] である．なぜ密度で割るのか．それは，流体の運動方程式では単位質量あたりの力を考えるからである．運動方程式には粘性率ではなく，この動粘性率が現れ

---

[4]粘性応力には粘性率のほかに速度の勾配も関係している．粘性応力の効き方を比べるなら，同じような運動をしている流体どうしで比べなければならない．

る．20℃ の水の動粘性率は $1.004 \times 10^{-6}\,\mathrm{m^2 \cdot s^{-1}}$，20℃ の空気の動粘性率は
$1.512 \times 10^{-5}\,\mathrm{m^2 \cdot s^{-1}}$ である．粘性率では水のほうが空気よりも大きいが，動
粘性率では空気のほうが水よりも大きい．先取りした話となるが，運動方程式
の粘性項の大きさは［動粘性率］×［速度勾配の勾配］である．水と空気で粘
性項の大きさが同じなら，空気の速度勾配は水のそれよりも小さい．つまり，
同じ大きさの力に対して，速度の勾配ができにくい空気は水よりも動きにくい
ということになる．

　ところで，図 5.4 では粘性による応力の例として接線応力を用いた．辞書な
どの流体力学における粘性の説明においては，しばしば「粘性＝接線応力が
働くこと」のように説明されていることがあるが，これは正確ではないことに
注意しよう．後述するように粘性は法線応力にも関係する．

　さて，粘性流体の粘性応力としては，速度の 1 階の空間微分と比例関係に
あるものを考えるということであった．これを素直に考えれば，粘性応力の式
は例えば，

$$\sigma_{xx} = a_0 + a_1 \frac{\partial u}{\partial x} + a_2 \frac{\partial u}{\partial y} + a_3 \frac{\partial u}{\partial z} + a_4 \frac{\partial v}{\partial x}$$
$$+ a_5 \frac{\partial v}{\partial y} + a_6 \frac{\partial v}{\partial z} + a_7 \frac{\partial w}{\partial x} + a_8 \frac{\partial w}{\partial y} + a_9 \frac{\partial w}{\partial z}$$

のようになるであろう．応力 1 つに対して，速度が u,v,w の 3 成分あり，そ
れぞれに x,y,z の 3 方向の空間微分が考えられるので，$a_1,\dots,a_9$ の 9 つの係
数が生じる．速度勾配が 0，すなわち静止している場合の a_0 も含めると係数
の数は 10 となる．応力は 9 あったので[5]，粘性応力の項数は全体で 81，静止
している場合も含めると 90 の係数が生じる．それで，応力が等方的であるな
どと現実からさほど外れていない仮定をして項を減らす．最終的にニュートン
流体（粘性流体）の応力は，

_____

[5]対称テンソルであるので実質は 6.

$$\sigma_{xx} = -p + \lambda \nabla \cdot \mathbf{v} + 2\mu \frac{\partial u}{\partial x}, \tag{5.10}$$

$$\sigma_{xy} = \mu \left(\frac{\partial u}{\partial y} + \frac{\partial v}{\partial x} \right) = \sigma_{yx}, \tag{5.11}$$

$$\sigma_{xz} = \mu \left(\frac{\partial u}{\partial z} + \frac{\partial w}{\partial x} \right) = \sigma_{zx}, \tag{5.12}$$

$$\sigma_{yy} = -p + \lambda \nabla \cdot \mathbf{v} + 2\mu \frac{\partial v}{\partial y}, \tag{5.13}$$

$$\sigma_{yz} = \mu \left(\frac{\partial w}{\partial y} + \frac{\partial v}{\partial z} \right) = \sigma_{zy}, \tag{5.14}$$

$$\sigma_{yx} = \mu \left(\frac{\partial u}{\partial y} + \frac{\partial v}{\partial x} \right) = \sigma_{xy}, \tag{5.15}$$

$$\sigma_{zz} = -p + \lambda \nabla \cdot \mathbf{v} + 2\mu \frac{\partial w}{\partial z}, \tag{5.16}$$

$$\sigma_{zx} = \mu \left(\frac{\partial u}{\partial z} + \frac{\partial w}{\partial x} \right) = \sigma_{xz}, \tag{5.17}$$

$$\sigma_{zy} = \mu \left(\frac{\partial w}{\partial y} + \frac{\partial v}{\partial z} \right) = \sigma_{yz} \tag{5.18}$$

となる. p は圧力であり，法線応力のうち静止している状態（速度が 0 の状態）で外力とつり合う成分である．式の中に出てくる

$$\frac{\partial u}{\partial x}, \ \frac{\partial u}{\partial y} + \frac{\partial v}{\partial x}, \ \cdots$$

はひずみ速度とよばれるもので，これは流体の微小部分の変形を表す．粘性応力がひずみ速度の関数となることは，変形が生じるような流れにおいて応力が作用することを意味する[6].

先に述べたように，接線応力は $\sigma_{xy} = \sigma_{yx}$ のように添字を入れ替えたものが等しくなる．また，等方的と仮定したことにより応力の式の形は，例えば，x を y に，かつ，u を v に入れ替えても同じであるし，x を $-x$ に，かつ，u を $-u$ に入れ替えても同じになる[7].

応力の式の比例定数である μ は粘性率である．係数はもう 1 つあり，λ を

---

[6]応力の作用により，どのような変形が生じるかを表す式でもある．
[7]2 次元の場合であるが，応力の導出については，木田 (1994) で丁寧に説明されている．詳しく知りたい方は読んでみてほしい．

第2粘性率という. 第2粘性率 λ については不明なことが多い. 圧力と法線応力の平均との間に,

$$-p = \frac{\sigma_{xx} + \sigma_{yy} + \sigma_{zz}}{3} \tag{5.19}$$

という関係があるとすると, λ と μ の間には

$$3\lambda + 2\mu = 0 \tag{5.20}$$

が成立することになる. これを**ストークスの仮説**という.

粘性と圧縮性の両方を同時に考えるのは難しいので, 粘性流体の力学を考えるときには, 流体の運動に対する粘性の影響を主として考えることにして, 非圧縮 ($\nabla \cdot \mathbf{v} = 0$) を仮定する. そうすると第2粘性率 λ は無視できることになる. 本書でも, これ以降は非圧縮を仮定して, 非圧縮粘性流体のみを取り扱い, 第2粘性率についてはこれ以上言及しない.

一般的な運動方程式に粘性応力を代入し, 非圧縮を仮定すると, 非圧縮粘性流体の運動方程式は,

$$
\begin{aligned}
\frac{\partial \mathbf{v}}{\partial t} + \mathbf{v} \cdot \nabla \mathbf{v} &= -\frac{1}{\rho}\nabla p + \frac{\mu}{\rho}\nabla^2 \mathbf{v} + \mathbf{K} \\
&= -\frac{1}{\rho}\nabla p + \nu\nabla^2 \mathbf{v} + \mathbf{K}
\end{aligned} \tag{5.21}
$$

と導出できる. 右辺の第2項が粘性項である. ∇^2 は ∇ を2回くり返すことを意味する. 完全流体の運動方程式と見比べてみると, 非圧縮粘性流体の運動方程式の形は, この章の最初に述べたように完全流体の運動方程式に粘性項を加えたものとなっている ($\mathbf{J}_v = \nu\nabla^2 \mathbf{v}$).

粘性流体の運動方程式は, 非圧縮を仮定しない場合も含め, 式を導出した人物名に由来して, **ナビエ・ストークスの式**（方程式）とよばれている.

例題 11　法線応力と圧力の関係

粘性流体の応力を用いて，$\sigma_{xx} + \sigma_{yy} + \sigma_{zz}$ を求めよ．

考え方

法線応力は，

$$\sigma_{xx} = -p + \lambda \nabla \cdot \mathbf{v} + 2\mu \frac{\partial u}{\partial x},$$

$$\sigma_{yy} = -p + \lambda \nabla \cdot \mathbf{v} + 2\mu \frac{\partial v}{\partial y},$$

$$\sigma_{zz} = -p + \lambda \nabla \cdot \mathbf{v} + 2\mu \frac{\partial w}{\partial z}$$

である．

‖解答‖

法線応力の和は，

$$\sigma_{xx} + \sigma_{yy} + \sigma_{zz}$$

$$= -3p + 3\lambda \nabla \cdot \mathbf{v} + 2\mu \left(\frac{\partial u}{\partial x} + \frac{\partial v}{\partial y} + \frac{\partial w}{\partial z} \right)$$

$$= -3p + 3\lambda \nabla \cdot \mathbf{v} + 2\mu \nabla \cdot \mathbf{v}$$

$$= -3p + (3\lambda + 2\mu) \nabla \cdot \mathbf{v}$$

となる．さらに，ストークスの仮説：$3\lambda + 2\mu = 0$ を用いると，

$$\sigma_{xx} + \sigma_{yy} + \sigma_{zz} = -3p$$

となる．

ワンポイント解説

・$\nabla \cdot \mathbf{v} =$
$\dfrac{\partial u}{\partial x} + \dfrac{\partial v}{\partial y} + \dfrac{\partial w}{\partial z}$

例題12　流れと応力

　　無限に広い2枚の平板が平行に置かれていて，その平板間を非圧縮粘性流体が一方向に，定常に流れている．流れの方向を x とし，また，平板は $z = 0$ と $z = H$ にあるとする．ここで，H は定数である．$z = 0$ の平板は静止し，$z = H$ の平板が一定速度 U $(U > 0)$ で動いているとき，平板間の非圧縮粘性流体の流速分布が，

$$u = \frac{U}{H} z$$

であった．このとき，流体が平板に及ぼす応力の大きさを求めよ．流れの方向の圧力勾配は 0 とする．重力の影響は無視せよ．

考え方

　　考える応力は，$z = (一定)$ の面における x 方向の応力，

$$\sigma_{zx} = \mu \left(\frac{\partial u}{\partial z} + \frac{\partial w}{\partial x} \right)$$

である．これを使って応力を求める．

‖解答‖

　　$z = (一定)$ の面における x 方向の応力は，

$$\sigma_{zx} = \mu \left(\frac{\partial u}{\partial z} + \frac{\partial w}{\partial x} \right).$$

いま，z 方向の流速は $0\,(w = 0)$ なので，

$$\sigma_{zx} = \mu \left(\frac{\partial u}{\partial z} \right)$$

である．

　　与えられている流速分布から，

$$\frac{\partial u}{\partial z} = \frac{U}{H}$$

となるので，平板に作用する応力の大きさは，

$$\sigma_{zx} = \mu \frac{U}{H}$$

と求められる．

ワンポイント解説

・9つ（対称性を考えれば6）ある応力のうち0でないのは σ_{zx} のみ．

・$U > 0$

5 章の発展問題

5-1. 一般的な運動方程式と粘性流体の応力の式を使って，直交座標系におけ
る粘性流体の運動方程式の x 成分を書け．ただし，ここでは非圧縮を
仮定せず，圧力を p，粘性率を μ，第 2 粘性率を λ とする．

5-2. 半径 a の円筒形の容器内を非圧縮粘性流体が流れている．円筒の長手
方向を z 方向（中心軸を z 軸），半径方向を動径 r，円周方向を偏角 θ
で表す円筒座標を考えたとき，流れが z 方向のみで，流速の z 成分が
定数 A $(A > 0)$ を用いて

$$u_z = A \left(a^2 - r^2 \right)$$

と書き表されるとき，流体が円筒容器に及ぼす応力の大きさを求めよ．

6 流線と流跡線

─────《 内容のまとめ 》─────

　前章までで運動方程式の話は一段落である．この6章では，流れの様子を
表す代表的な「線」について説明する．この後の説明からわかることだが，こ
こでも，流れを表す線の式を求めている，つまり流れを数式で表している．た
だし，運動方程式にはよらず，観測などによって得られた流れの情報から数
式を導出している．本書では，このような流体の見方を「運動学的な」見方と
いうことにして，運動方程式に基づく「力学的な」見方とは区別することにす
る．

流線

　ある瞬間の流れの中に1つの線を描く．そして，その線上の各点での接線
を考える．各点での接線（ベクトル）の向きがそれらの点における流れの方向
と一致するような線を描くことができたとき，それが流線である（図6.1）．

　流線の線素ベクトルを $d\mathbf{r} = (dx, dy, dz)$ とする．線素ベクトルの向きは，
流線の接線の向きと同じである．したがって，$d\mathbf{r}$ と速度 $\mathbf{v} = (u, v, w)$ は平行
である．このことから，流線の方程式は

$$\frac{dx}{u} = \frac{dy}{v} = \frac{dz}{w} \tag{6.1}$$

となる．

　流線は，流れのある時刻における様子を表す．要するに，1枚の紙に描かれ
た流線はある時刻の流れの様子を表すものであり，もし，別の時刻の流れの様
子を知りたければ，別の紙に描かれた流線の図が必要ということである[1]．時
間と空間を独立に扱うので，流線は，オイラー的に流れを描写したものである

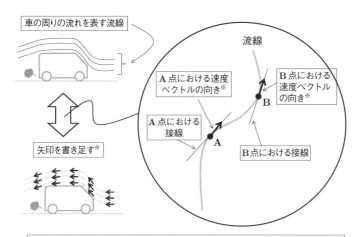

図 6.1: 流線の説明図.

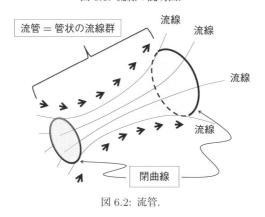

図 6.2: 流管.

といえる.

　流線の話の最後に，流線の性質について述べる．それは，特殊な場合を除いて，流線はその途中で交わらないという性質である．これは，流線が交点をもつと，その点で流れの方向が定まらなくなるからである．流れの中に閉曲線を考えて，その閉曲線を通過する流線群を考える．流線が交わらないとすれば，

---

[1]例えば，天気図の等圧線は，近似的に流線とみなすことができる．地球の自転によるコリオリの力と圧力傾度力がつり合って，等圧線に沿って風が吹くからである．大気の動きを表すために，XX 時の天気図というように，1 日に何枚もの天気図が描かれる.

この流線群は管状になる．これを 流管という（図6.2）．

流線が交わる特殊な場合とは，流れの途中で流速が**0**となる場合である[2]．流速が**0**となる点をよどみ点という．よどみ点では，複数の流線がその点で交わることがある（図6.3）．

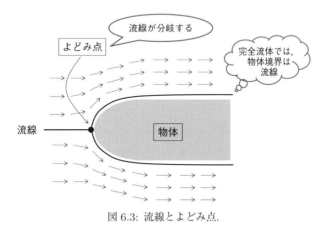

図6.3: 流線とよどみ点．

流跡線

流れの中のある1つの流体粒子に着目し，その流体粒子が時間の経過とともに移動する軌跡も，流れの様子を表す「線」である．流体粒子の軌跡を流跡線という（図6.4）．

流体粒子の移動は速度そのものであるので，流跡線の方程式は，時間 dt の間の流体粒子の変位が $d\mathbf{r} = (dx, dy, dz)$ であったとき，

$$\frac{dx}{dt} = u, \; \frac{dy}{dt} = v, \; \frac{dz}{dt} = w \tag{6.2}$$

となる．これは，流線の式の形に似せて

$$\frac{dx}{u} = \frac{dy}{v} = \frac{dz}{w} = dt \tag{6.3}$$

と書くこともできる[3]．流跡線は，流体粒子の軌跡を考えていることからわかるように，ラグランジュ的な流れの描写である．

---

[2]湧き出しや吸い込み（9章）でも流線は交わる．
[3]流線の式と流跡線の式を混同しないよう注意．

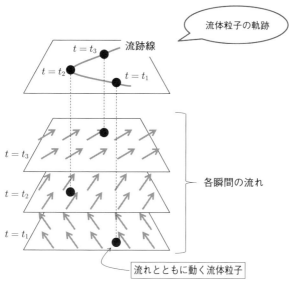

図 6.4: 流跡線の説明図.

例題 13　流線を求める

　流速場が $\mathbf{v} = (U \cos \Omega t)\mathbf{i} + (U \sin \Omega t)\mathbf{j}$ で表される 2 次元の流れがある．ここで t は時間であり，U, Ω は 0 ではない定数とする．以下の問いに答えよ．

(a) 流線の方程式を解き，流線がどのような曲線群となるか答えよ．

(b) $U = 1\,\mathrm{m \cdot s^{-1}}$, $\Omega = 0.25\pi\,\mathrm{rad \cdot s^{-1}}$ とする．$t = 0\,\mathrm{s}, 1\,\mathrm{s}$ のそれぞれのときについて，流線の概形を描け．

考え方

　流線の方程式から微分方程式が得られるので，それを解く．流線は，ある時刻の流れを表すものであるので，時間 t は定数のように扱うことに注意する．

‖解答‖

(a) 流線の式は

$$\frac{dx}{U \cos \Omega t} = \frac{dy}{U \sin \Omega t}$$

より，

$$\frac{dy}{dx} = \frac{\sin \Omega t}{\cos \Omega t}.$$

これを解くと，C を定数として

$$(\sin \Omega t)x - (\cos \Omega t)y + C = 0$$

となる．流線は，傾きが時間によって変化する直線群である．

(b) 流線の概形は以下のようになる．

　$t = 0\,\mathrm{s}$ の流線の式は $y - C = 0$ となる．

ワンポイント解説

・流線では，時間 t は定数とみなす．

・$y = \dots$ とするときは，$\cos \Omega t$ が 0 になる場合に注意．

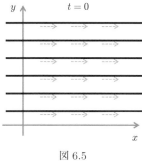

図 6.5

流線は x 軸に平行な直線群である（図 6.5）.
$t = 1\,\mathrm{s}$ の流線の式は $x - y + C' = 0$（C' は定数）となる.

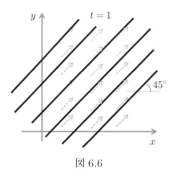

図 6.6

流線は傾きが 1 の直線群である（図 6.6）.

例題14 流跡線を求める

　流速場が $\mathbf{v} = (U\cos\Omega t)\mathbf{i} + (U\sin\Omega t)\mathbf{j}$ で表される2次元の流れがある．ここで t は時間であり，U，Ω は0ではない定数とする．以下の問いに答えよ．

(a) 流跡線の方程式を解き，流体粒子の軌跡がどのような形状となるか答えよ．

(b) $U = 1\,\mathrm{m\cdot s^{-1}}$，$\Omega = 0.25\pi\,\mathrm{rad\cdot s^{-1}}$ とする．$t = 0\,\mathrm{s}$ で原点にあった流体粒子の，$t = 0\,\mathrm{s}$〜$2\,\mathrm{s}$ の間の流跡線の概形を描け．

考え方

　流線と同じく流跡線も，方程式から微分方程式が得られる．微分方程式を解くことで，流跡線がどのような曲線群になるかがわかる．この問題では，流れが時間変化する，つまり定常流ではない．流線と流跡線が一致しない例となっていることに留意されたい．

‖解答‖

(a) 流跡線の方程式は，

$$\frac{dx}{dt} = U\cos\Omega t,$$

$$\frac{dy}{dt} = U\sin\Omega t$$

より，

$$x = \frac{U}{\Omega}\sin\Omega t + x_0,$$

$$y = -\frac{U}{\Omega}\cos\Omega t + y_0.$$

ここで，x_0 と y_0 は定数である．さらに，

$$(x - x_0)^2 + (y - y_0)^2 = \left(\frac{U}{\Omega}\right)^2$$

とできるので，流跡線は円を描くことがわかる．

(b) $t = 0\,\mathrm{s}$ のとき原点にある流体粒子の軌跡は，(a) の

ワンポイント解説

・円の中心は任意である．

答えで

$$x_0 = 0, \ y_0 = \frac{U}{\Omega}$$

として,

$$x = \frac{U}{\Omega} \sin \Omega t = \frac{1}{0.25\pi} \sin(0.25\pi t),$$
$$y = \frac{U}{\Omega}(1 - \cos \Omega t) = \frac{1}{0.25\pi}(1 - \cos(0.25\pi t))$$

となる. $t = 2\,\mathrm{s}$ のときの流体粒子の位置は,

$$(x, y) = \left(\frac{4}{\pi}, \frac{4}{\pi} \right)$$

である.

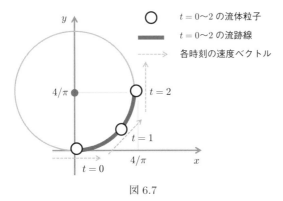

図 6.7

流跡線は, 原点と $t = 2\,\mathrm{s}$ の点を結ぶ円弧となる (図 6.7).

6章の発展問題

6-1. 流れ $\mathbf{v} = -ay\mathbf{i} + ax\mathbf{j}$ の流線と流跡線を求めよ．a は定数とする．

6-2. 線香のけむりは流線か．それとも流跡線か．あるいは，線香のけむりが流線・流跡線とみなせるのはどのような場合か．

6-3. 流れ $\mathbf{v}$ が定常なとき，流管の 2 つの断面 S_A, S_B について，

$$\int_{S_\mathrm{A}} \rho\mathbf{v} \cdot d\mathbf{S} = \int_{S_\mathrm{B}} \rho\mathbf{v} \cdot d\mathbf{S}$$

が成り立つことを示せ．

6-4. 外力のない定常流について，オイラーの運動方程式の流線の方向と流線に直交する方向の成分を求めよ．

6-5. 理想気体の定常な流れが断熱変化であるとき，流線に沿ってエントロピーが一定となることを示せ．

7 渦度と循環

──────《 内容のまとめ 》──────

渦度とは，流れ $\mathbf{v}$ の回転（rotation），

$$\boldsymbol{\omega} = \nabla \times \mathbf{v} \tag{7.1}$$

である．$\mathbf{v} = (u, v, w)$ のとき，直交座標における渦度（ベクトル）は，

$$\boldsymbol{\omega} = (\omega_x, \omega_y, \omega_z) = \left(\frac{\partial w}{\partial y} - \frac{\partial v}{\partial z}, \ \frac{\partial u}{\partial z} - \frac{\partial w}{\partial x}, \ \frac{\partial v}{\partial x} - \frac{\partial u}{\partial y} \right) \tag{7.2}$$

である．

　渦度が 0（$\boldsymbol{\omega} = \mathbf{0}$）の流れを渦なし流れといい，渦度が 0 でない（$\boldsymbol{\omega} \neq \mathbf{0}$）流れを渦あり流れという．

　図 7.1 と図 7.2 は渦なし流れと渦あり流れの違いを模式的に示した図である．図 7.1 の流れは一様な渦なし流れである．図 7.2 は流れが y 方向に変化する渦あり流れである．渦度は流れの中の微小部分の回転であるが，図では木の葉の振る舞いでそれを表すので，そこに注目してほしい．x の正の方向の流れによって木の葉は流されていくが，渦なし流れ（図 7.1）の場合は，木の葉の向きは変わらずに下流へと移動する．渦あり流れ（図 7.2）の場合は，木の葉は向きを変えながら下流へと移動する．

　渦なし流れの場合，流れ $\mathbf{v}$ はスカラー関数 ϕ を用いて，

$$\mathbf{v} = \nabla \phi \tag{7.3}$$

と書ける（発展問題 7-1）．この ϕ を速度ポテンシャルという．速度ポテンシャルを用いて表すことのできる流れは，9 章と 10 章で取り扱う．

図 7.1: 「渦なし」流れの模式図.

図 7.2: 「渦あり」流れの模式図.

──────────────── 《 渦線と渦管 》────────────────

　流れを表すものとして流線を考えたように，渦度の場においても渦線を考えることができる．すなわち，渦線上の各点における接線は，その点での渦度ベクトルの方向と一致するものとする（図 7.3）.

　また，流管に対応するものとして，その側面が渦線によって構成される管を渦管という．図 7.4 は渦管の例である．図 7.4 や図 12.6 (p.136) に示す渦では，渦度ベクトル $\boldsymbol{\omega}$ と速度ベクトル $\mathbf{v}$ の間に $\mathbf{v} \cdot \boldsymbol{\omega} = \mathbf{v} \cdot (\nabla \times \mathbf{v}) = 0$ の関係があり，渦線（渦管）は流線と直交する．

──────────────── 《 渦度方程式 》────────────────

　運動方程式に $\nabla \times$ を作用させて，渦度 $\boldsymbol{\omega}$ に関する方程式を導くことができ

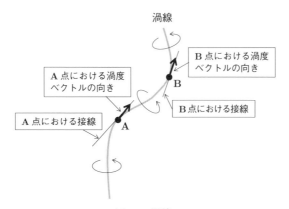

図 7.3: 渦線.

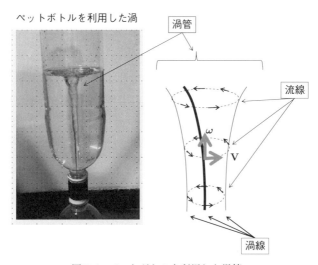

図 7.4: ペットボトルを利用した渦管.

る．これを渦度方程式という．

保存力のもとでの，粘性のないバロトロピー流体の渦度方程式は

$$\frac{d}{dt}\left(\frac{\boldsymbol{\omega}}{\rho}\right) = \frac{1}{\rho}\boldsymbol{\omega} \cdot \nabla \mathbf{v} \tag{7.4}$$

となる．この渦度方程式において，初期条件で $\boldsymbol{\omega} = \mathbf{0}$ であると，右辺は必ず $\mathbf{0}$ であるので，

$$\frac{d}{dt}\left(\frac{\boldsymbol{\omega}}{\rho}\right) = \mathbf{0} \tag{7.5}$$

となる. 逆に, $\boldsymbol{\omega} \neq \mathbf{0}$ の流れは $\boldsymbol{\omega} = \mathbf{0}$ になることはない. なぜなら, $\mathbf{0}$ になったところで式 (7.5) となり, 最初から渦度はなかったことになってしまうからである. つまり, 保存力のもとでの完全流体の流れでは, 渦度が発生することも, 消滅することもない. これをラグランジュの渦定理 (渦の不生不滅の定理) という.

完全流体では, ラグランジュの渦定理から, 渦ありの流れと渦なし流れは明確に区別される. したがって, 渦度が 0 かどうかは, 流れの特徴を知る上でとても重要な情報である.

なお, "不生" といっても, 渦ありの流れにおいて, 渦度の大きさが変化しないという意味ではないことに注意が必要である. 流れの中で, 渦のある領域が引き延ばされたり押し縮められたりなどすれば, 渦度の大きさは変化する (大きさが 0 にはならない).

《 循環 》

流れの中で, 閉曲線 C を経路とし, その C に沿って一周する線積分:

$$\Gamma = \oint_C \mathbf{v} \cdot d\mathbf{r} \tag{7.6}$$

を考える. これを循環という. 循環 Γ を計算すると, 流れが同じ所をぐるぐる回っているかどうか (つまり, 字義的な意味で "循環" しているかどうか) がわかり (図 7.5), さらには循環している流れの強さの比較ができる. 経路 C は, 半時計回りを正とする. つまり, 半時計回りの渦流のとき, $\Gamma > 0$ となる.

例えば図 7.5 では, 2 次元的な流れ $\mathbf{v} = (u, v)$ について, x, y 方向の辺の長さがそれぞれ $\delta x, \delta y$ の長方形の経路で循環を計算することを考えている. 経路 [1] の線素ベクトルが $d\mathbf{r} = \mathbf{i}dx$, 経路 [2] のそれが $d\mathbf{r} = \mathbf{j}dy$, 経路 [3] が $d\mathbf{r} = -\mathbf{i}dx$, 経路 [4] が $d\mathbf{r} = -\mathbf{j}dy$ となることに注意すると,

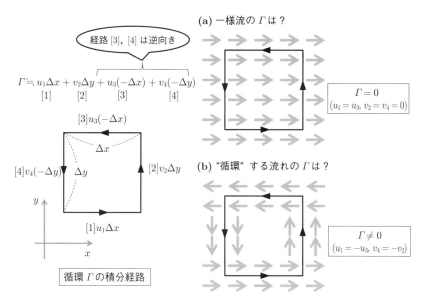

図 7.5: 流れと循環の関係.

$$\Gamma = \oint_C \mathbf{v} \cdot d\mathbf{r}$$
$$= \int_{[1]} \mathbf{v} \cdot \mathbf{i}dx + \int_{[2]} \mathbf{v} \cdot \mathbf{j}dy + \int_{[3]} \mathbf{v} \cdot (-\mathbf{i})dx + \int_{[4]} \mathbf{v} \cdot (-\mathbf{j})dy$$
$$= \int_{[1]} udx + \int_{[2]} vdy - \int_{[3]} udx - \int_{[4]} vdy$$

となり，さらに，径路 [1] から [4] 上では流速成分が一定であるとして（経路 $[i]$ 上での流速成分を (u_i, v_i) とする [i=1,2,3,4]），

$$\Gamma = u_1\delta x + v_2\delta y - u_3\delta x - v_4\delta y = (u_1 - u_3)\delta x + (v_2 - v_4)\delta y \qquad (7.7)$$

となる.

この式からわかるように，一様流のように $u_1 = u_3, v_2 = v_4$ となる場合には $\Gamma = 0$ である（図 7.5(a)）. そうでなければ，例えば図 7.5(b) のような「循環」する流れでは，$\Gamma \neq 0$ である.

循環している流れでは循環 Γ が常に $\Gamma \neq 0$ となるのかというと，そうではない. 例えば図 7.5(b) において，経路 [1] がある辺りは x 方向に正の向きの

一様流であるから，そこに小さな長方形の経路をとって Γ を計算すると，値は $\Gamma = 0$ になる．循環 Γ の値は，当然であるが，その積分経路 C のとり方に依存する．

　流れが単連結[1]の場合は，ストークスの定理[2]を用いて，循環を次のように書き換えることができる．

$$\Gamma = \oint_C \mathbf{v} \cdot d\mathbf{r} = \int_S (\nabla \times \mathbf{v}) \cdot d\mathbf{S} \tag{7.8}$$

単連結の場合は，渦なし流れの循環は $\nabla \times \mathbf{v} = \mathbf{0}$ であるので，経路によらず 0 になる．

　外力が保存力で，粘性のないバロトロピー流体では，流体とともに動く循環が保存される．すなわち，

$$\frac{d\Gamma}{dt} = 0 \tag{7.9}$$

となる．これをケルビンの循環定理という（発展問題 7-5）．

　渦管と循環 Γ の間には「渦管を一周する閉曲線についての循環は，その閉

---

　[1]考えている空間内の閉曲線を連続的に（特異点などにひっかかることなく）1 点に縮めることができること．
　[2]式 (7.7) において，u_1 と u_3 の差は，δy が微小であるとして

$$u_1 - u_3 = u(y) - u(y + \delta y) \simeq -\frac{\partial u}{\partial y}\delta y$$

とする．また，$v_2 - v_4$ についても同様に考えて

$$v_2 - v_4 = v(x + \delta x) - v(x) \simeq \frac{\partial v}{\partial x}\delta x$$

とする．よって，

$$\delta\Gamma = \left(\frac{\partial v}{\partial x} - \frac{\partial u}{\partial y}\right)\delta x \delta y$$

とできる．この右辺が，$d\mathbf{S} = \mathbf{k}\delta x\delta y$ から

$$(\nabla \times \mathbf{v}) \cdot \mathbf{k}\ \delta x\delta y = (\nabla \times \mathbf{v}) \cdot d\mathbf{S}$$

となることに気付けば，循環は

$$\Gamma = \oint_C \mathbf{v} \cdot d\mathbf{r} = \int_S (\nabla \times \mathbf{v}) \cdot d\mathbf{S}$$

と書けることになる．これが線積分がベクトル場の回転を介して面積分になるというストークスの定理の大雑把な説明である．

曲線のとり方によらず一定である」という関係がある[3]. これは，渦管を 1 周するような閉曲線 C_1 と C_2 を考えたときに，

$$\Gamma = \oint_{C_1} \mathbf{v} \cdot d\mathbf{r} = \oint_{C_2} \mathbf{v} \cdot d\mathbf{r} \tag{7.10}$$

となるということである（図 7.6）.

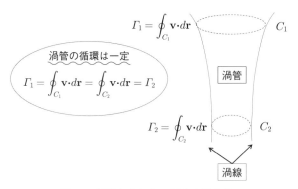

図 7.6: 渦管とそれを 1 周する閉曲線.

　渦管の循環が一定であるので，循環は渦管の性質を知る重要なパラメータである．渦管を一周する閉曲線での循環 Γ を渦管の強さという.

---

[3]福本 (2005) では，これを「ヘルムホルツの（渦の）第 3 法則」とよんでいる.

例題 15 渦度，渦線，循環

流れが $\mathbf{v} = (-ay, ax, 0)$ であるとき，以下を求めよ．a は定数とする．

(a) 渦度

(b) 渦線

(c) 原点を中心とする半径 b $(b > 0)$ の円を経路 C とする循環

考え方

発展問題 6-1 で，同じ流れについて流線を求めている．流れは，原点を中心とする円形の流れ，つまり渦である．渦線を考えるときには，この渦の軸の方向に注意する．循環については，ストークスの定理を使うことができる．

‖解答‖

(a) 渦度は，

$$\nabla \times \mathbf{v} = \begin{vmatrix} \mathbf{i} & \mathbf{j} & \mathbf{k} \\ \frac{\partial}{\partial x} & \frac{\partial}{\partial y} & \frac{\partial}{\partial z} \\ -ay & ax & 0 \end{vmatrix} = \left(\frac{\partial ax}{\partial x} + \frac{\partial ay}{\partial y} \right) \mathbf{k}$$

$$= 2a\mathbf{k}$$

となる．

(b) (a) より，渦度ベクトルは，z 軸方向を向いている．したがって，渦線は，xy 面に垂直な直線である．

(c) S を経路 C の囲む領域（半径 b の円，面積は πb^2）として，

$$\oint_C \mathbf{v} \cdot d\mathbf{r} = \int_S (\nabla \times \mathbf{v}) \cdot \mathbf{n} dS$$

$$= \int_S 2a\mathbf{k} \cdot \mathbf{n} dS = 2a \int_S dS$$

$$= 2ab^2 \pi$$

となる．

ワンポイント解説

・直交座標系の場合は，形式的に行列式を用いて渦度を計算できる．

$\mathbf{v} = (u, v, w)$
のとき

$\nabla \times \mathbf{v} =$

$$\begin{vmatrix} \mathbf{i} & \mathbf{j} & \mathbf{k} \\ \frac{\partial}{\partial x} & \frac{\partial}{\partial y} & \frac{\partial}{\partial z} \\ u & v & w \end{vmatrix}$$

・$\mathbf{n}$ は xy 平面の法線ベクトルなので

$\mathbf{n} = \mathbf{k}$

である．

例題 16 渦度方程式の導出

保存力のもとでの，粘性の無視できるバロトロピー流体の渦度方程式

$$\frac{d}{dt}\left(\frac{\boldsymbol{\omega}}{\rho}\right) = \frac{1}{\rho}\boldsymbol{\omega}\cdot\nabla\mathbf{v}$$

を導け.

考え方

オイラーの運動方程式を書き換えた

$$\frac{\partial \mathbf{v}}{\partial t} = \mathbf{K} - \frac{1}{\rho}\nabla p - \nabla\left(\frac{|\mathbf{v}|^2}{2}\right) + \mathbf{v}\times\boldsymbol{\omega}$$

を使う．この式の両辺に $\nabla\times$ を作用させることで渦度方程式を導くことができる．式変形の途中では，

$$\nabla\times(\mathbf{A}\times\mathbf{B}) = \mathbf{B}\cdot\nabla\mathbf{A} - \mathbf{A}\cdot\nabla\mathbf{B} + \mathbf{A}(\nabla\cdot\mathbf{B}) - \mathbf{B}(\nabla\cdot\mathbf{A})$$

という公式を用いる．バロトロピー流体なので，密度は一定ではないことにも注意が必要である.

‖解答‖

オイラーの運動方程式

$$\frac{\partial \mathbf{v}}{\partial t} = \mathbf{K} - \frac{1}{\rho}\nabla p - \nabla\left(\frac{|\mathbf{v}|^2}{2}\right) + \mathbf{v}\times\boldsymbol{\omega}$$

の両辺に $\nabla\times$ を作用させると，

$$\nabla\times\left(\frac{\partial \mathbf{v}}{\partial t}\right) = \nabla\times\left[\mathbf{K} - \frac{1}{\rho}\nabla p - \nabla\left(\frac{|\mathbf{v}|^2}{2}\right)\right]$$
$$+ \nabla\times\mathbf{v}\times\boldsymbol{\omega}$$

ここで，左辺は微分の順序を入れ替えて，

$$\frac{\partial}{\partial t}(\nabla\times\mathbf{v}) = \frac{\partial\boldsymbol{\omega}}{\partial t}$$

とできる．右辺は，

ワンポイント解説

$$\nabla \times \nabla \left(\frac{|\mathbf{v}|^2}{2} \right) = \mathbf{0}.$$

また，保存力，バロトロピー流体という条件から

$$\nabla \times \mathbf{K} = \mathbf{0}, \ \nabla \times \left(\frac{1}{\rho} \nabla p \right) = \mathbf{0}$$

であるので，

$$\frac{\partial \boldsymbol{\omega}}{\partial t} = \nabla \times \mathbf{v} \times \boldsymbol{\omega}$$

となる．この式の右辺はさらに，

$$\nabla \times (\mathbf{v} \times \boldsymbol{\omega})$$
$$= \boldsymbol{\omega} \cdot \nabla \mathbf{v} - \mathbf{v} \cdot \nabla \boldsymbol{\omega} + \mathbf{v}(\nabla \cdot \boldsymbol{\omega}) - \boldsymbol{\omega}(\nabla \cdot \mathbf{v})$$
$$= \boldsymbol{\omega} \cdot \nabla \mathbf{v} - \mathbf{v} \cdot \nabla \boldsymbol{\omega} - \boldsymbol{\omega}(\nabla \cdot \mathbf{v})$$

となるので，

$$\frac{\partial \boldsymbol{\omega}}{\partial t} + \mathbf{v} \cdot \nabla \boldsymbol{\omega} = \boldsymbol{\omega} \cdot \nabla \mathbf{v} - \boldsymbol{\omega}(\nabla \cdot \mathbf{v}).$$

すなわち，

$$\frac{d \boldsymbol{\omega}}{dt} = \boldsymbol{\omega} \cdot \nabla \mathbf{v} - \boldsymbol{\omega}(\nabla \cdot \mathbf{v})$$

となる．右辺第2項は，連続の式が

$$\nabla \cdot \mathbf{v} = -\frac{1}{\rho} \frac{d\rho}{dt} = \rho \frac{d}{dt} \left(\frac{1}{\rho} \right)$$

と書けることを用いて，

$$\frac{d \boldsymbol{\omega}}{dt} = \boldsymbol{\omega} \cdot \nabla \mathbf{v} - \boldsymbol{\omega} \left[\rho \frac{d}{dt} \left(\frac{1}{\rho} \right) \right].$$

この両辺を ρ で割り式を整理すると，

$$\frac{1}{\rho} \frac{d \boldsymbol{\omega}}{dt} + \boldsymbol{\omega} \frac{d}{dt} \left(\frac{1}{\rho} \right) = \frac{1}{\rho} \boldsymbol{\omega} \cdot \nabla \mathbf{v}$$

より，

$$\frac{d}{dt} \left(\frac{\boldsymbol{\omega}}{\rho} \right) = \frac{1}{\rho} \boldsymbol{\omega} \cdot \nabla \mathbf{v}$$

となる．

・保存力なので，$\mathbf{K}$ はポテンシャル Ω を用いて $\mathbf{K} = -\nabla \Omega$ と書ける．$\nabla \times (\nabla \Omega) = \mathbf{0}$.

・$\nabla \cdot \boldsymbol{\omega} = \nabla \cdot (\nabla \times \mathbf{v}) = \mathbf{0}$

・$\frac{d}{dt} \left(\frac{1}{\rho} \right) = -\frac{1}{\rho^2} \frac{d\rho}{dt}$

7章の発展問題

7-1. 流れ $\mathbf{v}$ は渦なし（$\nabla \times \mathbf{v} = \mathbf{0}$）であるとする．スカラー関数 ϕ を用いて，$\mathbf{v} = \nabla\phi$ と書けることを示せ．

7-2. 流れが

$$\mathbf{v} = -\frac{ky}{r^2}\mathbf{i} + \frac{kx}{r^2}\mathbf{j}$$

であるとき，以下を求めよ．k は定数で，$r = \sqrt{x^2 + y^2}$ である．

(a) 渦度 $\boldsymbol{\omega}$.

(b) xy 平面上の 4 点 $(1,1), (2,1), (2,2), (1,2)$ を頂点とする正方形の周を正の方向に一周する経路 C_1 に沿った循環 Γ_1.

(c) xy 平面上の 4 点 $(-1,-1), (1,-1), (1,1), (-1,1)$ を頂点とする正方形の周を，正の方向に一周する経路 C_2 に沿った循環 Γ_2.

7-3. 渦度が 0 の回転する流れを渦なしの渦という．これに対して，渦度が 0 でない回転する流れを渦ありの渦という．

図 7.7(a), (b) は，回転する流れとともに動く木の葉の $t = 0$〜3 の間の様子を示したものである（4 枚の木の葉が浮かんでいるのではなく，ストロボ撮影のようなことをして，1 枚の木の葉の，4 つの異なる時間における様子を描いたと解釈されたい）．(a), (b) はそれぞれ，渦なしの渦，あるいは渦ありの渦のどちらに対応するであろうか．

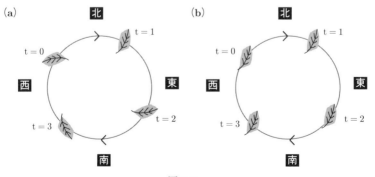

図 7.7

7-4. 保存力のもとでの，非圧縮粘性流体の渦度方程式を求めよ．

7-5. ケルビンの循環定理が成り立つことを示せ．必要であれば，次の関係を
利用せよ．

"循環の経路である閉曲線を C，その線素ベクトルを $d\mathbf{r}$，流れを $\mathbf{v}$ と
する．線素ベクトルのラグランジュ的な（時間）微分は，

$$\frac{d}{dt}(d\mathbf{r}) = d\left(\frac{d\mathbf{r}}{dt}\right) = d\mathbf{v}$$

となる．また，任意のスカラー関数 ϕ について，

$$\int_C \nabla\phi \cdot d\mathbf{r} = [\phi]_C$$

である．"

8 ベルヌーイの定理

《 内容のまとめ 》

q を流れ $\mathbf{v}$ の大きさ（$q = |\mathbf{v}|$），ρ を密度，g を重力加速度とする．z は鉛直座標であり，鉛直上向きを正とする．外力が重力であるとき，非圧縮性の完全流体の定常流では，

$$H = \frac{1}{2}\rho q^2 + p + \rho g z \tag{8.1}$$

が，任意の流線，あるいは任意の渦線に沿って一定となる．これをベルヌーイの定理という．ベルヌーイの定理はオイラーの運動方程式から導出できるが，それは例題として出題したので解いてみてほしい．ここでは，導出は後回しにして，ベルヌーイの定理の説明を続けよう．

ベルヌーイの定理（式 (8.1)）の右辺第 1 項は運動エネルギー，第 3 項は位置エネルギーである．右辺の第 2 項は圧力であるが，圧力の単位（Pa）は，

$$\frac{[\mathrm{N}]}{[\mathrm{m}^2]} = \frac{[\mathrm{kg}]\frac{[\mathrm{m}]}{[\mathrm{s}^2]}}{[\mathrm{m}^2]} = \frac{[\mathrm{kg}]}{[\mathrm{m}^3]}\left(\frac{[\mathrm{m}]}{[\mathrm{s}]}\right)^2$$

のように書き換えることができるので，エネルギーの次元となる[1]．それで，右辺第 2 項は圧力エネルギーとよぶこともある．ベルヌーイの定理は，流線に沿ったエネルギーの保存則を表している．

ベルヌーイの定理を物体の周りを過ぎる定常流に適用してみよう（図 8.1）．簡単のため，$z = 0$ の面にある流れとする．図 8.1 には，物体から十分に離れた所（無限遠方，流速 U，圧力 p_∞）から，物体の前面のよどみ点（圧力 p_0）

---

[1] 運動方程式に「力」として現れるのは，圧力ではなく，圧力傾度力であることに注意．

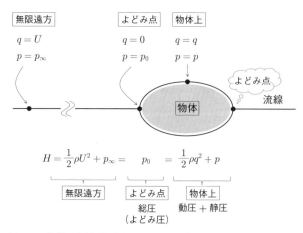

図 8.1: 物体の周りを過ぎる流れの流線とベルヌーイの定理の
関係. ここでは, $z = 0$ としている.

を通って, 物体の周囲 (流速 q, 圧力 p) に延びる流線が描いてある. ベル
ヌーイの定理から, その流線上で

$$\frac{1}{2}\rho U^2 + p_\infty = p_0 = \frac{1}{2}\rho q^2 + p$$

が成り立つ. ここで, $\frac{1}{2}\rho q^2$ を動圧, p を静圧, よどみ点での圧力 p_0 をよどみ
圧, あるいは動圧と静圧の和であるので, 総圧という.

　ベルヌーイの定理は, バロトロピー流体の場合に拡張できる. また, 外力が
保存力の場合にも拡張できる. この場合, 任意の流線, あるいは任意の渦線に
沿って,

$$H = \frac{1}{2}q^2 + P + \Omega \tag{8.2}$$

が一定となる. ここで, P は圧力関数である. Ω は外力 ($\mathbf{K}$) のポテンシャル
であり,

$$\mathbf{K} = -\nabla\Omega \tag{8.3}$$

である[2].

---

[2]慣習として「マイナス ($-\nabla\Omega$)」とする.

定常流ではない場合は,「渦なし」の条件のもとに,

$$\frac{\partial \phi}{\partial t} + \frac{1}{2}q^2 + P + \Omega = F(t) \tag{8.4}$$

が成立する. ここで, ϕ は速度ポテンシャル, $F(t)$ は時間 t の任意の関数である. これを拡張されたベルヌーイの定理, あるいは, 圧力方程式という. 拡張されたベルヌーイの定理は, 渦なしという条件はあるが, 流線上でという縛りはなく, 流れの場全体で成立する.

ベルヌーイの定理と拡張されたベルヌーイの定理の成立条件をまとめると表 8.1 のようになる.

表 8.1: ベルヌーイの定理と圧力方程式の成立条件(日野 (1974) に加筆).

ベルヌーイの定理	拡張されたベルヌーイの定理 (圧力方程式)
$\frac{1}{2}q^2 + P + \Omega = (const.)$	$\frac{\partial \phi}{\partial t} + \frac{1}{2}q^2 + P + \Omega = F(t)$
完全流体(非粘性)	
非圧縮・バロトロピー	
定常な流れ	非定常な流れでもよい
渦ありでもよい	渦なし
流線上	流れの場全体

重力場 $\to \Omega = gz$ 非圧縮 $\to P = \dfrac{p}{\rho}$

例題 17　ベルヌーイの定理の導出

粘性のないバロトロピー流体の定常流を考える．外力は重力のみとする．

(a) オイラーの運動方程式が

$$\nabla \left(\frac{q^2}{2} + P + gz \right) = \mathbf{v} \times \boldsymbol{\omega} \tag{1}$$

と書けることを示せ．ただし，q は $\mathbf{v}$ を速度ベクトルとして $q = |\mathbf{v}|$，$\boldsymbol{\omega}$ は渦度ベクトル ($\boldsymbol{\omega} = \nabla \times \mathbf{v}$)，$\rho$ は密度，P は圧力関数，g は重力加速度，z は鉛直座標（鉛直上向きを正）である．

(b) (1) 式から，流線に沿って

$$H = \frac{q^2}{2} + P + gz$$

が一定となることを示せ．

考え方

(a) については，移流項が

$$\mathbf{v} \cdot \nabla \mathbf{v} = \nabla \left(\frac{q^2}{2} \right) - \mathbf{v} \times \nabla \times \mathbf{v} = \nabla \left(\frac{q^2}{2} \right) - \mathbf{v} \times \boldsymbol{\omega}$$

と書けること等を利用し，オイラーの運動方程式を書き換えよう．

(b) については，$\mathbf{v} \cdot (\mathbf{v} \times \boldsymbol{\omega}) = 0$ であることを利用して，$\mathbf{v}$ と ∇H の関係を考えよう．

‖解答‖

ワンポイント解説

(a) オイラーの運動方程式は，外力を $\mathbf{K}$，圧力を p として，

$$\frac{\partial \mathbf{v}}{\partial t} = \mathbf{K} - \frac{1}{\rho} \nabla p - \nabla \left(\frac{q^2}{2} \right) + \mathbf{v} \times \boldsymbol{\omega}$$

と書ける．ここで，定常流であることから

$$\frac{\partial \mathbf{v}}{\partial t} = 0.$$

バロトロピー流体であることから

$$-\frac{1}{\rho}\nabla p = \nabla P.$$

· P は圧力関数

外力が重力であることから

$$\mathbf{K} = (0, 0, -g) = -\nabla(gz).$$

· $\nabla(gz)$
 $= \left(\frac{\partial gz}{\partial x}, \frac{\partial gz}{\partial y}, \frac{\partial gz}{\partial z}\right)$

これらを使用して式を書き換えると,

$$\nabla\left(\frac{q^2}{2} + P + gz\right) = \mathbf{v} \times \boldsymbol{\omega}$$

が得られる.

(b) $\mathbf{v} \cdot (\mathbf{v} \times \boldsymbol{\omega}) = 0$ であるので,

$$\mathbf{v} \cdot \nabla H = 0.$$

よって,$\mathbf{v}$ と ∇H は直交していることがわかる.勾配は,$H = H_0$（H_0 は定数）で表される曲面の法線ベクトルに平行であるので,H は流線に沿って一定となる.

例題 18　トリチェリの定理

　容器内の水が，底部にある排水孔から排出されている（図 8.2）．水面の高さ H と排出される水量 Q の間には，g を重力加速度として

$$Q = \sqrt{2gH}$$

という関係がある．これをトリチェリの定理という．トリチェリの定理をベルヌーイの定理から導出せよ．

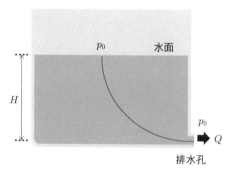

図 8.2: p_0 は大気圧.

考え方

　「水」を非圧縮完全流体とみなす．そうして，水面と排水孔をつなぐ流線上でベルヌーイの定理を適用する．容器内の流れは正確にはわからないが，おおよそ水面から排水孔に向かうような流れがあるはずなので，図 8.2 に示したような流線を考える．定常であることもベルヌーイの定理の成立条件の 1 つであるので，水面の高さ H は一定（容器内の水量が単位時間に排水される水量よりも十分大きい）と仮定する．

‖解答‖

　水面と排出孔をつなぐ流線を考えて，その流線上でベルヌーイの定理を適用すると，

$$p_0 + \rho_0 g H = \frac{1}{2}\rho_0 Q^2 + p_0$$

よって，

ワンポイント解説

└→ 水面と排出孔で大気圧 p_0 がかかるとする．水の密度を ρ_0 とする．

$$Q = \sqrt{2gH}.$$

8章の発展問題

8-1. オイラーの運動方程式から，拡張されたベルヌーイの定理を導け．

8-2. 図 8.3 のような断面積が変化する管をベンチュリー管という．ベンチュリー管の 2 点 A, B における圧力 P_A, P_B を測り，管内を流れる流体の流量 Q を求める式を作れ．ただし，A, B 点における断面積を S_A, S_B（$S_A > S_B$）とする．流体は完全流体で，管内の流れは定常であるとする．また，流体の密度 ρ は一定であり，重力は無視する．

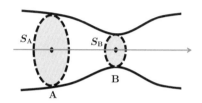

図 8.3

8-3. ピトー静圧管を用いて飛行機の速度を測定する．ピトー静圧管とは図 8.4 に示すような細長い管状の測器である．これを流れに平行に設置すると，図に示す A, B 点に開いた小さな穴を使って，その 2 点間の圧力差を計測することができる．そして，圧力差を流れに換算することで，流速がわかる．A 点はよどみ点であり，A, B 点は同じ高さにあるとする．A, B 間の圧力差は U 字管を用いて測定することとし，その管内の

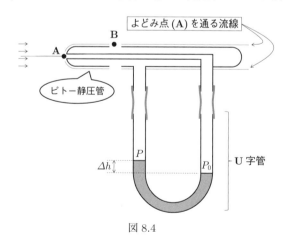

図 8.4

流体には水銀を用いる．時速 $500\,\mathrm{km}$ まで計測するとすれば，U字管の長さをどの程度にすればよいか．ただし，空気の粘性と圧縮性は無視できるとし，空気の密度は $1.2\,\mathrm{kg\cdot m^{-3}}$ とする．また，水銀の密度は $13.6\times10^3\,\mathrm{kg\cdot m^{-3}}$ とする．

8-4. 水平断面積 S，高さ H の容器がある．その容器の底部には断面積 A の排水孔がある．この容器に満たした水を排水するのに要する時間を求めよ．水の粘性と圧縮性は無視できるとする．

8-5. 流体は密度 ρ の完全流体とする．流れ $\mathbf{v}$ の一部を取り囲み，空間に固定した検査域を V，検査面を S とする．運動エネルギー $E = \rho\dfrac{q^2}{2}$ $(q = |\mathbf{v}|)$ の流束について，

$$\frac{\partial}{\partial t}\int_V E\,dV = -\int_S E\mathbf{v}\cdot d\mathbf{S} + Q$$

という関係があるとき，Q を求めよ．

重要度
★★★★

9 非圧縮完全流体の 渦なし流れ

───────《 内容のまとめ 》───────

$$渦なし：\boldsymbol{\omega} = \nabla \times \mathbf{v} = 0 \longrightarrow \mathbf{v} = \nabla\phi$$

ϕ：速度ポテンシャル

$$\nabla \cdot (\nabla\phi) = \nabla^2\phi = 0$$
（ラプラス方程式）

$$非圧縮：\nabla \cdot \mathbf{v} = 0$$

　自然現象に限らない．社会現象でもよい．対象とする現象の特徴を再現する方程式を立てること，さらには，その方程式を使って現象を解析することを数理モデルという．流体の運動の数理モデルには，ニュートンの運動の法則をもとに導出される「力学的なモデル」だけでなく，運動の特徴をもとに導出される「運動学的なモデル」があるのである．この9章と次の10章で説明するのは，運動方程式を使わない[1]，運動学的な流れの理論である．

　渦なし流れは，渦度が0（$\boldsymbol{\omega} = \nabla \times \mathbf{v} = \mathbf{0}$）の流れである．このとき，流れ$\mathbf{v}$は速度ポテンシャル$\phi$を用いて，

$$\mathbf{v} = \nabla\phi$$

と表されることを7章で述べた．この渦なしの条件に非圧縮の条件が加わると，非圧縮流体の連続の式$\nabla \cdot \mathbf{v} = 0$より，

───────────────

　[1]圧力などを求める場合は，運動方程式，もしくはベルヌーイの定理を使う．

$$\nabla \cdot (\nabla \phi) = \nabla^2 \phi = 0 \tag{9.1}$$

となる．これをラプラス方程式という[2]．

　ラプラス方程式を満足する解を調和関数という．したがって，非圧縮流体の渦なし流れの速度ポテンシャルは調和関数である．つまり，非圧縮流体の渦なし流れの問題は，数学的には，適当な境界条件のもとにラプラス方程式を満足する調和関数を求めることに帰着する．

　なお，この章のタイトルは非圧縮「完全」流体の渦なし流れとしたが，非圧縮で渦なしなら「粘性」流体でも話は同じである．ただし，非圧縮粘性流体の場合は，渦なしを仮定すると

$$\nabla^2 \mathbf{v} = \nabla(\nabla \cdot \mathbf{v}) - \nabla \times (\nabla \times \mathbf{v}) = \nabla(\nabla \cdot \mathbf{v}) - \nabla \times \boldsymbol{\omega} = \mathbf{0}$$

であるので[3]，粘性項が消える[4]．渦なし流れでは，粘性を考える意味が薄いのである．また粘性がある場合は，例えば，物体と流体の境界で粘着条件（境界面で流速が0）を考えるので，境界付近で速度の勾配，つまり，渦度が生じる．粘性は速度の勾配に比例するから，粘性流体の運動において渦度は重要な役割を果たす．粘性流体の運動を考えるなら渦あり流れが本流で，渦なし流れは傍流であるといえる．ゆえに，本書では，粘性流体の渦なし流れにはこれ以上言及しない[5]．

　渦なし，非圧縮の条件に，さらに **2次元流**という条件が加わると，速度ポテンシャルのほかに流線関数を定義することができる[6]．2次元流とは，速度成分の1つが恒等的に0となるような流れである．このとき，流線関数 ψ と2次元の流れ $\mathbf{v} = (u, v)$ の間には，

$$\mathbf{v} = (u, v) = \left(\frac{\partial \psi}{\partial y}, -\frac{\partial \psi}{\partial x} \right) \tag{9.2}$$

という関係がある．この関係は，2次元の非圧縮流体の連続の式を満たしていることに注意しよう．

---

[2] $\nabla^2 \phi$ を $\Delta \phi$ と書くことがあるが，演算子 Δ をラプラシアンという．
[3] ベクトル関数の公式 $\nabla \times \nabla \times \mathbf{A} = \nabla(\nabla \cdot \mathbf{A}) - \nabla^2 \mathbf{A}$ を用いる．
[4] 「渦なし」の解が非圧縮粘性流体のナビエ・ストークスの式の解となることを意味する．
[5] 興味のある方は，今井 (1981) の「第 II 部　第 6 章　2 次元の流れ」などを参照のこと．
[6] 「渦あり」であっても 2 次元非圧縮なら流線関数は定義できる．

渦なしの条件があるので,

$$\frac{\partial v}{\partial x} - \frac{\partial u}{\partial y} = -\left(\frac{\partial^2 \psi}{\partial x^2} + \frac{\partial^2 \psi}{\partial y^2}\right) = -\nabla^2 \psi = 0 \tag{9.3}$$

となり,流線関数 ψ は,速度ポテンシャルと同様にラプラス方程式の解となる.

速度ポテンシャル ϕ と流線関数 ψ を用いると,

$$u = \frac{\partial \phi}{\partial x} = \frac{\partial \psi}{\partial y}, \quad v = \frac{\partial \phi}{\partial y} = -\frac{\partial \psi}{\partial x} \tag{9.4}$$

である.これから,

$$(\nabla \phi) \cdot (\nabla \psi) = \frac{\partial \phi}{\partial x}\frac{\partial \psi}{\partial x} + \frac{\partial \phi}{\partial y}\frac{\partial \psi}{\partial y} = -uv + uv = 0$$

となるが,これは流線関数の等値線(流線)と速度ポテンシャルの等値線(等ポテンシャル線)が直交することを表す(図 9.1).

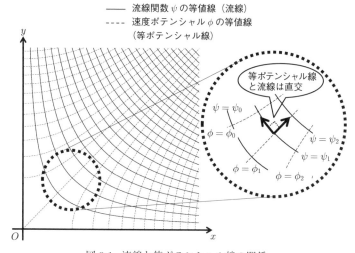

図 9.1: 流線と等ポテンシャル線の関係.

速度ポテンシャルと流線関数を,虚数単位 $i = \sqrt{-1}$ を用いて,

$$f(z) = \phi + i\psi \tag{9.5}$$

のように組み合わせる.この $f(z)$ は複素数 $z = x + iy$ を変数とする関数で,

これを**複素速度ポテンシャル**という.

　複素速度ポテンシャルは，複素関数論でいうところの**正則関数**に対応する[7]. というのは，式 (9.4) の関係が複素関数論におけるコーシー・リーマンの関係に対応するからである. そのため，2 次元の非圧縮完全流体の渦なし流れでは，複素関数論が有用である.

　複素速度ポテンシャル $f(z)$ と流れ (u, v) には，次の関係がある.

$$\frac{df(z)}{dz} = u - iv \tag{9.6}$$

これは，公式として覚えておくと役立つ（発展問題 9-5）.

$\boxed{\text{2 次元流れの場合}}$

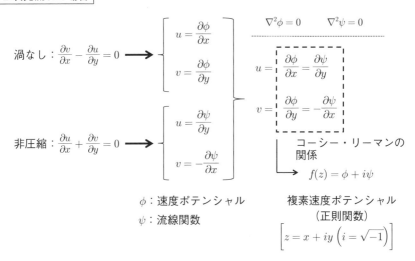

ϕ：速度ポテンシャル
ψ：流線関数

コーシー・リーマンの関係

$f(z) = \phi + i\psi$

複素速度ポテンシャル（正則関数）

$\left[z = x + iy \left(i = \sqrt{-1} \right) \right]$

────── 《 **代表的な流れのポテンシャル** 》──────

　流れを表す代表的な複素速度ポテンシャルと速度ポテンシャルを以下に記す. なお，2 次元複素速度ポテンシャルの z は複素数であり，3 次元速度ポテンシャルの z は z 軸方向の変数であるので，混同しないこと. 必要に応じて，極座標 (r, θ) や球座標 (r, θ, λ) を用いる.

---
[7]複素関数がある 1 点だけでなく，その点の近傍で微分可能であることを正則という.

一様流

速度が一定の流れ（一様流）を表す関数は以下のとおりである.

(2 次元) 複素速度ポテンシャル：$f(z) = Ue^{-i\alpha}z$

U は一様流の速さ $(U > 0)$, α は x 軸との傾きである. $\alpha = 0$ のときの $f(z) = Uz$ は, x 軸に平行な一様流の複素速度ポテンシャルである.

(3 次元) 速度ポテンシャル：$\phi = Ax + By + Cz$

A, B, C は実数の定数である.

湧き出しと吸い込み

ある 1 点から放射状に広がる流れが**湧き出し**である. ある 1 点に向かって収束する流れが**吸い込み**である. 両者は関数形は同じで, 符号のみ異なる. 湧き出し（吸い込み）が原点にある場合の関数は以下のとおりである.

(2 次元) 複素速度ポテンシャル：$f(z) = m\log z = m(\log r + i\theta)$
(3 次元) 速度ポテンシャル：$\phi = -\dfrac{m}{r}$

係数 m は実数の定数で, 正 $(m > 0)$ のときは湧き出し, 負のとき $(m < 0)$ は吸い込みである. 係数 m を湧き出し（吸い込み）の強さ[8]という.

2 次元のときの速度ポテンシャルは $m\log r$ であり, 3 次元の速度ポテンシャルと異なる点に注意が必要である. この違いは, 2 次元と 3 次元の違いから生じている. 例えば, 3 次元の湧き出しで, ある瞬間に湧き出した流体を追跡したとする. ある時刻には, その湧き出した流体は半径 R の球面上に分布する. したがって, 湧き出し量を Q_3 とし, 半径 R の球面上にある流体の速度を V とすれば, $Q_3 = 4\pi R^2 \times V$ であり, これから

$$V \sim \frac{1}{R^2}$$

となる.

2 次元の湧き出しは, 2 次元平面上を広がる. ある瞬間に湧き出した流体は, ある時刻には半径 R の円周上に分布する（3 次元で考えると円筒形）. し

---

[8]「大きさ」とは異なり, 符号も含めて「強さ」ということがある. 2 次元の場合は $2\pi m$ を, 3 次元の場合は $4\pi m$ を「強さ」ということもある.

たがって，湧き出し量を Q_2 とし，半径 R の円周上にある流体の速度を V とすれば，$Q_2 = 2\pi R \times V$ であり[9]，

$$V \sim \frac{1}{R}$$

となる．以上から，速度 V と R の関係が 2 次元と 3 次元では異なることがわかる．ポテンシャルは，速度を 1 回（R で）積分したものであるので，2 次元と 3 次元でポテンシャルが違うこともわかるであろう．湧き出し・吸い込みのほかに，2 重湧き出しも，式の形が 2 次元の場合と 3 次元の場合とで違うので注意が必要である．

2 重湧き出し

　強さが同じである湧き出しと吸い込みを近接しておき，両者の距離を 0 に近付けたものが **2 重湧き出し**である（発展問題 9-2）．2 重湧き出しが原点にある場合の関数は，以下のとおりである．

(2 次元) 複素速度ポテンシャル：$f(z) = -\dfrac{\mu e^{i\alpha}}{z}$
(3 次元) 速度ポテンシャル：$\phi = \mu\mathbf{e}\cdot\nabla\dfrac{1}{r}$

　2 重湧き出しには，向きと大きさがあることに注意しよう．向きは，吸い込みと湧き出しを結ぶ線を考え[10]，その線に平行であるような吸い込みから湧き出しに向かう方向である（図 9.2）．

　吸い込みと湧き出しを結ぶ線を 2 重湧き出しの軸という．軸の単位ベクトルを $\mathbf{e}$，大きさを μ とすると，$\mu\mathbf{e}$ を 2 重湧き出しのモーメントという．2 重湧き出しの速度ポテンシャルは，湧き出し（吸い込み）の速度ポテンシャルの勾配（微分）と 2 重湧き出しのモーメントの内積である．

　複素速度ポテンシャルでは，2 重湧き出しの軸が x 軸となす角 α で向きを表している．

---

[9] Q_2 の単位は $\mathrm{m}^2\cdot\mathrm{s}^{-1}$，$Q_3$ の単位は $\mathrm{m}^3\cdot\mathrm{s}^{-1}$ である．
[10] 吸い込みと湧き出しは極限まで近づいており区別できないのだが，説明の都合上，このような書き方をする．

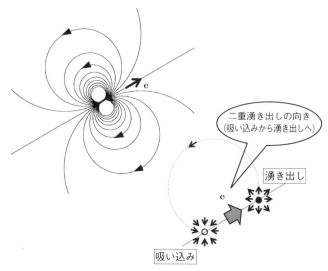

図 9.2: 2 重湧き出しによる流れ.

渦糸

　2 次元の渦糸とは，流線が，ある点を中心とする円となる流れである．原点に渦糸がある場合の複素速度ポテンシャルを以下に示す．

(2 次元) 複素速度ポテンシャル：$f(z) = -i\kappa \log z = \kappa(-\theta + i \log r)$
　　　κ は実数の定数である．

　原点に渦糸があるときの流れ $\mathbf{v}$ は，

$$\mathbf{v} = \frac{-\kappa y}{x^2 + y^2}\mathbf{i} + \frac{\kappa x}{x^2 + y^2}\mathbf{j} = \frac{\kappa}{r}\mathbf{e}_\theta \tag{9.7}$$

となる．$\kappa > 0$ は原点を中心とする反時計回りの流れに対応する．流線が円となるような流れの解が存在することは，例えば，図 9.3 に示すようなドーナツ型の容器を考えたときに，それを周回するような流れが渦なし流れの問題の範疇にあるということである．

　次に，ドーナツ型の容器の内側の円をどんどん小さくしていき，最終的には，それが無限小になった状態を想像してみよう（図 9.3）．無限小になった内側の円の「成れの果て」の所に渦糸があり，それを除く至る所で流れは渦なしとなって，これが「渦なしの渦」である（発展問題 7-3）．

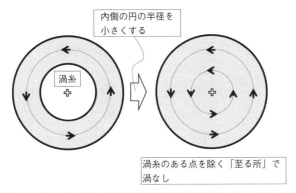

図 9.3: ドーナツ型の容器内を流れる渦なし流. その内側の円（境界）を小さくすることを考える.

渦糸を 1 周する閉曲線に沿った循環 Γ とすると, κ は

$$\kappa = \frac{\Gamma}{2\pi} \tag{9.8}$$

である. この循環 Γ を渦糸の強さという[11]. 3 次元空間内の渦糸が作り出す流れの問題については 12 章で取り上げる.

角を回る流れ

　図 9.1 に示したような, 2 つの直線（図 9.1 の場合は x 軸と y 軸）に漸近するような流れを**角を回る流れ**という. 角を回る流れに対応する複素速度ポテンシャルは, 複素変数のべき関数である.

（2 次元）　複素速度ポテンシャル：$f(z) = C z^a = C r^a (\cos a\theta + i \sin a\theta)$

ここで, C, a は正の定数とする[12]. 図 9.1 は $a = 2$ のときの第 1 象限のみ描いている. a の値を変えたときの角を回る流れを図 9.4 に示す.

　角を回る流れの $\mathbf{v} = (u, v)$ は,

---

[11]ここも "大きさ" とは異なり, 符号も含む. $\Gamma < 0$ のとき, 渦糸周りの流れは時計回りである.

[12]係数 C は複素数でもよいが, ここでは簡単のため実数に限定する. 複素数とした場合, 例えば C_0, α を実数の定数として $C = C_0 e^{i\alpha}$ とすればわかるように, $a\theta$ が $a\theta + \alpha$ となる. なお, $a = 1$ のときは角を回る流れではなく一様流である.

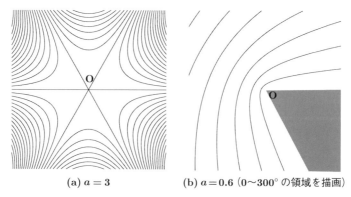

(a) $a = 3$ (b) $a = 0.6$（0〜300° の領域を描画）

図 9.4: 角を回る流れの例.

$$\frac{df(z)}{dz} = Caz^{a-1} = Car^{a-1}e^{i(a-1)\theta}$$

となるので，$a < 1$ のとき，$r = 0$（図 9.4(b) の頂点 O）で流速が無限大となることに注意しよう.

例題 19　速度ポテンシャルと流れ

次の (a), (b) 式で与えられる関数 ϕ がそれぞれラプラス方程式の解で
あることを確かめよ．また，それぞれの関数を速度ポテンシャルとして，
流速ベクトルと流線の式を求め，どのような流れを表しているかを答え
よ．式中の a, b, c は 0 ではない実数の定数である．

(a) $\phi = ax + by + cz$

(b) $\phi = ax^2 - ay^2$

考え方

方程式の解であることを確かめるには，(a), (b) で与えられているそ
れぞれの式について，$\nabla^2\phi$ を計算し，結果が 0 となることを示せばよい．
流線の式は，速度ポテンシャルから流速 (u, v, w) を求めて，

$$\frac{dx}{u} = \frac{dy}{v} = \frac{dz}{w}$$

から求める．

速度ポテンシャルを使うことの利点の 1 つは，流体の運動を表すのに，
スカラー関数 1 つで済むことである．速度ベクトルを用いると，向きと
大きさという 2 つのことを気にしなければならないことに比べると，よ
り簡単である．ただし，速度ポテンシャルの等値線は，流線ではないこと
に注意が必要である．例題の関数を使って，関数の等値線と流線関数とを
図示してみよう．

解答

ワンポイント解説

(a) a, b, c は定数なので，

$$\begin{aligned}
\nabla^2\phi &= \frac{\partial^2}{\partial x^2}(ax + by + cz) \\
&+ \frac{\partial^2}{\partial y^2}(ax + by + cz) + \frac{\partial^2}{\partial z^2}(ax + by + cz) \\
&= \frac{\partial a}{\partial x} + \frac{\partial b}{\partial y} + \frac{\partial c}{\partial z} = 0
\end{aligned}$$

となり，ラプラス方程式を満たす.

　流れは，

$$\mathbf{v} = \nabla\phi = (a, b, c) = a\mathbf{i} + b\mathbf{j} + c\mathbf{k}.$$

よって流線の式は，

$$\frac{dx}{a} = \frac{dy}{b} = \frac{dz}{c}$$

から，

$$\frac{x - x_0}{a} = \frac{y - y_0}{b} = \frac{z - z_0}{c}$$

となる．ここで，x_0, y_0, z_0 は任意の定数である．
流線は直線となり，ϕ は一様流に対応する速度ポテンシャルである.

(b) a は定数なので，

$$\nabla^2\phi = \frac{\partial^2}{\partial x^2}(ax^2 - ay^2) + \frac{\partial^2}{\partial y^2}(ax^2 - ay^2)$$

$$= \frac{\partial(2ax)}{\partial x} + \frac{\partial(-2ay)}{\partial y}$$

$$= 2a - 2a = 0$$

となり，ラプラス方程式を満たす.

　流れは，

$$\mathbf{v} = \nabla\phi = (2ax, -2ay) = 2ax\mathbf{i} - 2ay\mathbf{j}.$$

よって流線の式は，

$$\frac{dx}{2ax} = \frac{dy}{-2ay}$$

から，

$$xy = C.$$

ここで，C は任意の定数である．流線は双曲線となり，ϕ は角を回る流れに対応する速度ポテンシャルである.

角を回る流れの複素速度ポテンシャルから，

$$f(z) = az^2$$
$$= a(x + iy)^2$$
$$= a(x^2 - y^2)$$
$$\quad + i(2axy)$$

この実部が速度ポテンシャルである.

例題 20　複素速度ポテンシャルと流れ

複素速度ポテンシャル $f(z) = m \log(z - a)$ について，以下を求めよ．m, a は正の実数で，定数とする．

(a) 速度ポテンシャルと流線関数

(b) x 方向の流速 u と y 方向の流速 v

(c) 流線の式

考え方

湧き出しが原点にない場合の問題である．まず，複素速度ポテンシャルを実部と虚部に分けることを考える．ここでは，

$$z - a = (x - a) + iy = r(\cos\theta + i\sin\theta) = re^{i\theta}$$

とおいてみよう．(u, v) は速度ポテンシャルや流線関数から求めることができる．

‖解答‖

(a) $z - a = (x - a) + iy = r(\cos\theta + i\sin\theta) = re^{i\theta}$ とおくと，r, θ は

$$(x - a)^2 + y^2 = r^2, \ \tan\theta = \frac{y}{x - a}$$

から，

$$r = \sqrt{(x - a)^2 + y^2},$$
$$\theta = \tan^{-1}\left(\frac{y}{x - a}\right)$$

である．

$$f(z) = m \log(z - a) = m \log(re^{i\theta})$$
$$= m \log r + im\theta$$

より，速度ポテンシャル ϕ と流線関数 ψ は，

ワンポイント解説

・$f(z) = \phi + i\psi$

$$\phi = m \log r = \frac{m}{2} \log \left[(x-a)^2 + y^2 \right],$$
$$\psi = m\theta = m \tan^{-1} \left(\frac{y}{x-a} \right)$$

となる.

(b) x, y 方向の流速 u, v は,

$$u = \frac{\partial \phi}{\partial x} = \frac{m(x-a)}{(x-a)^2 + y^2},$$
$$v = \frac{\partial \phi}{\partial y} = \frac{my}{(x-a)^2 + y^2}$$

となる.

あるいは,

$$\frac{df(z)}{dz} = u - iv$$

から,

$$\frac{df(z)}{dz} = \frac{m}{z-a} = m\frac{(x-a)-iy}{(x-a)^2 + y^2}$$

として,流速を求めることもできる.

(c) 流線の式は,

$$\frac{dx}{\dfrac{m(x-a)}{(x-a)^2 + y^2}} = \frac{dy}{\dfrac{my}{(x-a)^2 + y^2}}$$

より,

$$\frac{dx}{x-a} = \frac{dy}{y}.$$

これを解くと,C を任意の定数として,

$$y = C(x-a).$$

つまり,流線は $z = a$ を通る直線群となる.

・$u = \dfrac{\partial \psi}{\partial y}$, $v = -\dfrac{\partial \psi}{\partial x}$ から求めてもよい.

・a は定数なので $d(x-a) = dx$

・$z = a$ は $(x,y) = (a,0)$ である.

9 章の発展問題

9-1. スカラー関数

$$\phi = \frac{-m}{\sqrt{x^2 + y^2 + z^2}}$$

がラプラス方程式の解となることを確かめよ. また, この関数を速度ポテンシャルとして, 流れ ($\mathbf{v}$) と流線の式を求めよ.

9-2. ϵ, m を正の定数とする. $(0, 0, \epsilon)$ に強さ m の 3 次元の湧き出しがあり, $(0, 0, -\epsilon)$ に強さ $-m$ の 3 次元の吸い込みがあるとする. $2\epsilon m$ が一定値 μ となるように $\epsilon \to 0$ としたときの速度ポテンシャルを求めよ.

9-3. 流線関数 ψ が一定の線は, 流線であることを示せ.

9-4. 非圧縮完全流体の渦なし流れ $\mathbf{v}$ では, 速度ポテンシャル ϕ について,

$$\int_V |\mathbf{v}|^2 \, dV = -\int_S \phi \mathbf{v} \cdot \mathbf{n} dS$$

となることを示せ. V は閉曲面 S によって囲まれた単連結の領域である. ここでは S の法線ベクトルを $-\mathbf{n}$ とする.

9-5. 複素速度ポテンシャル $f(z)$ について, 次の関係が成り立つことを示せ. u, v はそれぞれ, x, y 方向の流速成分であり, また $q^2 = u^2 + v^2$ である. 上線は複素共役を表す.

(a) $\dfrac{df(z)}{dz} = u - iv$

(b) $q^2 = \dfrac{df(z)}{dz} \dfrac{d\overline{f}(z)}{d\overline{z}}$

9-6. 複素平面上の $z_0 = x_0 + iy_0$ に強さ Γ_0 の渦糸がある $(x_0^2 + y_0^2 > 0)$. このとき, 次の問いに答えよ.

(a) 複素速度ポテンシャルを, z_0, Γ_0 を用いて書き表せ.

(b) 速度ポテンシャルと流線関数を, x_0, y_0, Γ_0 を用いて書き表せ.

(c) 原点 $(x, y) = (0, 0)$ における流れ $\mathbf{v_0} = (u_0, v_0)$ を, x_0, y_0, Γ_0 を用いて書き表せ.

10 非圧縮完全流体の渦なし流れの応用

---《 内容のまとめ 》---

9章で，非圧縮完全流体の渦なし流れの問題は，ラプラス方程式の解である速度ポテンシャルや流線関数，あるいはそれらで構成される複素速度ポテンシャルを求める問題に帰着されることを述べた．この章では，ラプラス方程式の解が，より複雑な流れの問題に応用できることを示す．

例えば，ϕ_1, ϕ_2 がラプラス方程式の解であるとき，C_1, C_2 を任意定数として，

$$\phi = C_1 \phi_1 + C_2 \phi_2 \tag{10.1}$$

もラプラス方程式の解となる．このような解の重ね合わせが可能なのは，ラプラス方程式が線形の偏微分方程式であるからである．

複素速度ポテンシャルの場合も同様に解の重ね合わせができる．$f_1(z), f_2(z)$ が複素速度ポテンシャルであれば，C_1, C_2 を任意定数として，

$$f(z) = C_1 f_1(z) + C_2 f_2(z) \tag{10.2}$$

も複素速度ポテンシャルとなる．

このような解の重ね合わせを利用すると，代表的な流れを表す解を足し合わせることで，より複雑な流れを表すことができる．さらに，物体の周りの流れを表すこともできる．例えば，2次元の一様流と1つの湧き出しの重ね合わせによる流れを考える．一様流は，x 軸に平行，かつ正の向きに大きさ U で流れているものとする．湧き出しは座標の原点に位置し，その強さは m $(m >$

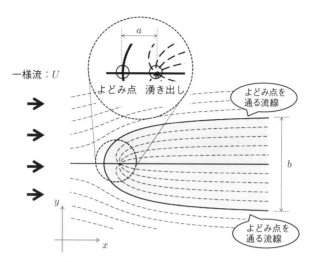

図 10.1: 一様流と湧き出しの重ね合わせによる流れの場. 無限遠方では, 灰色の領域の流速も U となり, そのときの領域の幅が b である.

0) とする. このときの複素速度ポテンシャルは,

$$f(z) = Uz + \frac{m}{z} \tag{10.3}$$

であり, この虚部から流線関数は

$$\psi = Uy + m \, \tan^{-1}\left(\frac{y}{x}\right) \tag{10.4}$$

と求められる. この流線関数を図示したのが, 図 10.1 である. 図 10.1 を見ると, 湧き出しのある原点のほかに, 原点から a 離れた点 $(-U/m, 0)$ で流線が分岐している. この点は, 流速が 0 であるよどみ点である. このよどみ点から下流へと続く流線が (流線に直交する向きの流れはないことに注意), 模式図に示すように, 流れを灰色に塗った領域とそれ以外の領域の 2 つに分ける.

灰色に塗った領域は, その周囲から流れが浸透しないし, その領域から周囲へと流れ出すこともない. 見方を変えれば, 流れの中に灰色の領域の形をした物体があるようなものである. つまり, 一様流と 1 つの湧き出しの組合せは, 半無限に伸びる物体 (半無限体) の周りの流れを表す.

　ほかの組合せとして，一様流と2重湧き出しの組合せは，3次元の場合は「球」を過ぎる流れを表し，2次元の場合は「円柱」を過ぎる流れを表す．2重湧き出しはもともと湧き出しと吸い込みの組合せのようなものだが，一様流と湧き出しと吸い込みの組合せでできる閉じた流線の描く図形をランキンの卵形という．

　ところで，球や円柱を過ぎる流れを求め，それらの物体に働く力を計算すると，それに対する抗力が働かないという結果を得る（発展問題 10-2）．現実の流れの中にある物体には抗力は働くので，この結果は矛盾している．これをダランベールのパラドックスという．このような結果となったのは粘性を無視したことが原因であり，ダランベールのパラドックスは，完全流体の力学から粘性流体の力学へと進む道程にあるマイルストーン的な問題である．

《 循環のある円柱周りの流れ 》

　解の重ね合わせによる別の流れの問題を考えよう．それは，2次元の場合の，一様流と2重湧き出しと渦糸という3種類の解の重ね合わせである．この問題から（先ほどダランベールのパラドックスで物体に抗力が働かない結果となると書いたが，その）抗力とは異なる揚力が導かれる．

　一様流は，x 軸に対し β 傾いているとする．2重湧き出しと渦糸は座標の原点にあるとする．ただし，2重湧き出しの向きは一様流の方向に平行である．このときの複素速度ポテンシャル $f(z)$ は，

$$f(z) = Ue^{-i\beta}z + \frac{Ua^2e^{i\beta}}{z} - i\kappa \log z \tag{10.5}$$

と書ける．ここで，U, a, β は正の定数である．κ も定数で，渦糸の作り出す流れの循環を Γ とすると，

$$\kappa = \frac{\Gamma}{2\pi}$$

である．

　複素速度ポテンシャルから流線関数 ψ を求めると，2次元の極座標の動径 r，偏角 θ を用いて，

$$\psi = Ur\left(1 - \frac{a^2}{r^2}\right)\sin(\theta - \beta) - \kappa \log r \tag{10.6}$$

となる．この流線関数を描くと図 10.2(b) のようになる．流線関数は $r = a$ で定数 $-\kappa \log a$ となるので，原点を中心とする半径 a の円は閉じた流線である（図 10.2 の黒太線）．したがって，半径 a の円柱を過ぎる流れに対応する．さらに，渦糸の効果により，円柱の周りには循環がある．これを回転する円柱と解釈する．

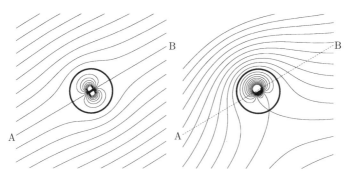

(a) [一様流]＋[二重湧き出し]　**(b)** [一様流]＋[二重湧き出し]＋[渦糸]

図 10.2: 円柱を過ぎる流れの例．(a) 循環のないとき．(b) 循環のあるとき ($\kappa < 0$)．半径 a の円となる流線を黒太線で示している．一様流は，A から B の方向に流れている．(b) では，一様流に平行な方向を点線で示した．

図 10.2(a) は，比較のための循環のない場合の図である．循環のある場合とない場合を比べると，循環のある場合の流線は，円柱によって大きく蛇行している．流れが曲げられるということは，作用・反作用の法則から考えれば，流れを曲げた円柱はその反作用により，曲げられた流れとは反対の方向に力を受ける．実際，円柱に作用する力 $\mathbf{F} = (F_x, F_y)$ を計算すると，流体の密度を ρ として，

$$F_x = 2\pi\rho U\kappa \sin\beta = \rho U\Gamma \sin\beta, \tag{10.7a}$$

$$F_y = -2\pi\rho U\kappa \cos\beta = -\rho U\Gamma \cos\beta \tag{10.7b}$$

と求められる．x 軸に対して β 傾いた一様流は $\mathbf{v}_U = (U\cos\beta, U\sin\beta)$ であり，$\mathbf{F} \cdot \mathbf{v}_U = 0$ となるので，円柱に対して一様流に直交する方向の力が作用し

ていることがわかる（図 10.3）．力の大きさは，

$$|\mathbf{F}| = \sqrt{F_x^2 + F_y^2} = |2\pi\rho U\kappa| = |\rho U\Gamma| \tag{10.8}$$

である．

　この流れに垂直な方向の力を揚力といい，円柱の周りに循環があるときに揚力が生じることを，クッタ・ジューコフスキーの定理という[1]．

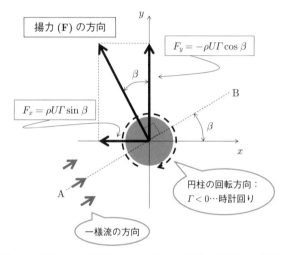

図 10.3: 図 10.2 の循環のあるときの，円柱の回転や一様流の方向と揚力の関係の模式図．図中の A, B は図 10.2 に対応．

　式 (10.5) の流れに対して，

$$w = z + \frac{a^2}{z} \tag{10.9}$$

という，z から複素変数 w への変換であるジューコフスキー変換を適用することを考える．

　関数 $w = f(z)$ は，z で表される複素平面（z 面）上の図形を，w で表される複素平面（w 面）上の図形に対応させる．これを写像という．例えば $z =$

---

[1]一様流中に置かれた回転する円柱や球に，一様流の方向に対して垂直方向に力が働くことをマグヌス効果という．クッタ・ジューコフスキーの定理は，マグヌス効果の理論的な説明である．

$ae^{i\theta}$ は式 (10.9) によって，$w = 2a\cos\theta$ となる．これは，z 面での半径 a の円が，w 面では x 軸上の長さ $4a$ の線分に対応するということである．

ジューコフスキー変換を使って，z 面上にある半径 a の円の外側の流れの，w 面上にある流れへの写像を考える．すると，z 面上の円柱を過ぎる流れが，w 面上での平板を過ぎる流れになるのである．平板を過ぎる流れの例を図 10.4 に示す．ここでも平板周りの流れが対称な場合は平板は力を受けず，流れの対称性がくずれたときに揚力が発生する（発展問題 10-3）．

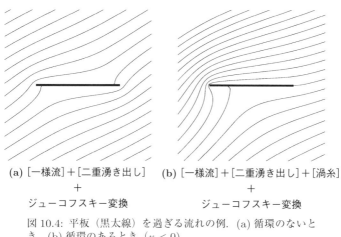

(a) [一様流]＋[二重湧き出し] **(b)** [一様流]＋[二重湧き出し]＋[渦糸]
＋ ＋
ジューコフスキー変換 ジューコフスキー変換

図 10.4: 平板（黒太線）を過ぎる流れの例．(a) 循環のないとき．(b) 循環のあるとき（$\kappa < 0$）．

例題 21　球を過ぎる流れ

　3 次元の場合について，一様流中に 2 重湧き出しがあるときの速度ポテンシャルを，球座標 (r, θ, λ) を用いて示せ．さらに，そのポテンシャルを用いて，動径 (r) 方向の速度成分 v_r を求め，$v_r = 0$ を満足する面が球面となることを示せ．ただし，2 重湧き出しは原点に位置し，強さを μ，軸の向き $(\mathbf{e})$ を z 軸の負の方向とする．また，一様流は，大きさを U，向きは z 軸の正の方向とする．球座標と直交座標 (x, y, z) との対応は，

$$x = r \sin \theta \cos \lambda, \ y = r \sin \theta \sin \lambda, \ z = r \cos \theta$$

とする．

考え方

　3 次元の 2 重湧き出しの速度ポテンシャルは，大きさを μ，軸の方向の単位ベクトルを $\mathbf{e}$ とすると，

$$\phi = \mu \mathbf{e} \cdot \nabla \left(\frac{1}{r} \right)$$

である．速度ポテンシャルを正しく書き表すことができれば，流速はその微分で求めることができる．

‖解答‖

大きさが U，向きが z 軸の正の方向である一様流のポテンシャル ϕ_1 は，

$$\phi_1 = Uz = Ur \cos \theta.$$

強さが μ の 2 重湧き出しのポテンシャル ϕ_2 は，軸の向きが z 軸の負の方向であるので $\mathbf{e} = -\mathbf{k}$ となることから，

$$\phi_2 = -\mu \mathbf{k} \cdot \nabla \left(\frac{1}{r} \right) = -\mu \frac{\partial}{\partial z} \left(\frac{1}{r} \right) = \mu \frac{\cos \theta}{r^2}.$$

求める速度ポテンシャル ϕ は，

ワンポイント解説

・$\dfrac{\partial}{\partial z} \left(\dfrac{1}{r} \right)$

$= \dfrac{\partial}{\partial z} \left(x^2 + y^2 + z^2 \right)^{-\frac{1}{2}}$

$= -z \left(x^2 + y^2 + z^2 \right)^{-\frac{3}{2}}$

$= -\dfrac{z}{r^3} = -\dfrac{\cos \theta}{r^2}$

・$r^2 = x^2 + y^2 + z^2$

$$\phi = \phi_1 + \phi_2 = Ur\cos\theta + \mu\frac{\cos\theta}{r^2}$$

となる.

　r 方向の速度成分 v_r は,

$$v_r = \frac{\partial\phi}{\partial r} = U\cos\theta - 2\mu\frac{\cos\theta}{r^3}$$
$$= \cos\theta\left(U - \frac{2\mu}{r^3}\right).$$

したがって,

$$U - \frac{2\mu}{r^3} = 0$$

のとき恒等的に $v_r = 0$ となるが, これは

$$r = \sqrt[3]{\frac{2\mu}{U}}$$

という球面に対応する.

例題 22   円筒を過ぎる流れ

　一様流中に，中心軸が一様流の方向に対し直交する向きで固定された回転する円筒があるとする．円筒の半径を a とする．この円筒に作用する力を次の (a)〜(d) の順に解答し，求めよ．外力はないとする．

(a) 一様流は大きさ U で x 軸の正の方向に流れているとし，円筒の中心軸が z 軸に一致するとする．このとき，一様流中の原点に 2 重湧き出し（強さ μ，向きは x 軸の負の方向）と渦糸（係数 κ）がある 2 次元 (xy) の系と考えることができる．この複素速度ポテンシャルを示せ．

(b) 2 重湧き出しの強さ μ を，a と U を用いて表せ．

(c) 円筒の表面での圧力を求めよ．円筒から十分に離れた位置での圧力を p_0 とする．

(d) 円筒に作用する力を求めよ．

考え方

　一様流，2 重湧き出し，渦糸の複素速度ポテンシャルを求め，その組合せで求めたい複素速度ポテンシャルを表現する．それができれば，流速が求められる．圧力を求めるためには，円筒から十分に離れた位置から円筒の表面を過ぎる流線を考えて，その流線上でベルヌーイの定理を適用する．

　円筒に作用する力 $\mathbf{F}$ については，円筒の表面での圧力を p_s とすると，

$$\mathbf{F} = -\int_S p_s \mathbf{n}\, dS$$

で求めることができる．S は円筒面であるが，z 方向には単位長さ 1 であるとして，半径 a の円周としよう．$\mathbf{n}$ は円筒面の法線ベクトルであるので，$\mathbf{i}, \mathbf{j}$ を x, y 方向の単位ベクトルとすると，

$$\mathbf{n} = \mathbf{e}_r = \cos\theta \mathbf{i} + \sin\theta \mathbf{j}$$

である．

‖解答‖

(a) 一様流，2重湧き出し，渦糸の複素速度ポテンシャルはそれぞれ，

$$Uz, \quad \frac{\mu}{z}, \quad -i\kappa \log z$$

である．z は複素変数で $z = x + iy$ $(i = \sqrt{-1})$ である．

　求める複素速度ポテンシャルは，

$$f(z) = Uz + \frac{\mu}{z} - i\kappa \log z$$

となる．

・式 (10.5) で $\beta = 0$
とした式である．

(b) $z = re^{i\theta}$ とおく．(a) で求めた複素速度ポテンシャルから，

$$\begin{aligned} f(z) &= Ure^{i\theta} + \frac{\mu}{r}e^{-i\theta} - i\kappa(\log r + i\theta) \\ &= \left(Ur\cos\theta + \frac{\mu}{r}\cos\theta + \kappa\theta \right) \\ &\quad + i\left(Ur\sin\theta - \frac{\mu}{r}\sin\theta - \kappa\log r \right). \end{aligned}$$

したがって，速度ポテンシャル ϕ と流線関数 ψ は，

$$\phi = Ur\cos\theta + \frac{\mu}{r}\cos\theta + \kappa\theta,$$

$$\psi = Ur\sin\theta - \frac{\mu}{r}\sin\theta - \kappa\log r$$

である．

　$r = a$ で流線関数 ψ は，

$$\psi(a, \theta) = \frac{1}{a}(Ua^2 - \mu)\sin\theta - \kappa\log a$$

となるが，これが θ によらず一定となるためには，

$$\mu = Ua^2$$

であればよい．

・$\kappa \log a$ は定数である．

(c) (b) で求めた速度ポテンシャル ϕ から流速を求める

と,

$$u_r = \frac{\partial \phi}{\partial r} = U \cos \theta - \frac{\mu}{r^2} \cos \theta$$

$$= U \cos \theta - \frac{Ua^2}{r^2} \cos \theta,$$

$$u_\theta = \frac{1}{r} \frac{\partial \phi}{\partial \theta}$$

$$= -U \sin \theta - \frac{Ua^2}{r^2} \sin \theta + \frac{\kappa}{r}.$$

・r 方向の速度を u_r, θ 方向の速度を u_θ とする.

・$u_\theta = \frac{1}{r} \frac{\partial \phi}{\partial \theta}$ の $\frac{1}{r}$ を忘れないこと.

したがって $r = a$ では,

$$u_r = 0,$$

$$u_\theta = -2U \sin \theta + \frac{\kappa}{a}.$$

ベルヌーイの定理より,円筒の表面での圧力を p_s とすると

$$\frac{1}{2} \rho U^2 + p_0 = \frac{1}{2} \rho (u_r^2 + u_\theta^2)_{r=a} + p_s.$$

・p_0 を忘れないこと.

したがって,

$$p_s = p_0 + \frac{1}{2} \rho U^2 - \frac{1}{2} \rho \left(-2U \sin \theta + \frac{\kappa}{a} \right)^2$$

となる.

(d) 円筒に作用する力を $\mathbf{F} = (F_x, F_y)$ とする.考え方のところに書いたように,

$$F_x = - \int_0^{2\pi} p_s \cos \theta a d\theta,$$

$$F_y = - \int_0^{2\pi} p_s \sin \theta a d\theta$$

であるので,(c) で求めた p_s を使ってこれを計算する.まず,F_x は

$$-2U \sin \theta + \frac{\kappa}{a} = X$$

とおくと,

$$\cos\theta d\theta = -\frac{dX}{2U}$$

であり，$\theta = 0, 2\pi$ のとき $X = \dfrac{\kappa}{a} = X_0$ となるので，

$$F_x = -\frac{a}{2U}\int_{X_0}^{X_0}\left(p_a - \frac{1}{2}\rho X^2\right)dX$$

$$= -\frac{a}{2U}\left[p_a X - \frac{1}{6}\rho X^3\right]_{X_0}^{X_0} = 0$$

である.

F_y は，$p_s\sin\theta$ が

・式 (10.7a) で $\beta = 0$ の場合である.

$$p_s\sin\theta = \left\{p_0 + \frac{\rho}{2}\left(U^2 - \frac{\kappa^2}{a^2}\right)\right\}\sin\theta$$

$$-2\rho U^2\sin^3\theta + \frac{2\rho U\kappa}{a}\sin^2\theta$$

であるので，

$$\int_0^{2\pi}\sin\theta d\theta = 0,$$

$$\int_0^{2\pi}\sin^2\theta d\theta = \pi,$$

$$\int_0^{2\pi}\sin^3\theta d\theta = 0$$

を用いて，

$$F_y = -a\frac{2\rho U\kappa}{a}\pi$$

$$= -2\pi\rho U\kappa$$

となる.

・式 (10.7b) で $\beta = 0$ の場合である.

(d) の別解として，ブラジウスの公式：

$$F_x - iF_y = \frac{i\rho}{2}\oint_C\left(\frac{df}{dz}\right)^2 dz$$

を用いて解くこともできる. C は円筒を 1 周する閉経路とする.

$$\frac{df}{dz} = U - \frac{Ua^2}{z^2} - \frac{i\kappa}{z}$$

より，$\left(\dfrac{df}{dz}\right)^2$ を求めなければならないが，

$$\oint_C z^n dz = \begin{cases} 0 & n \neq -1, \\ 2\pi i & n = -1 \end{cases}$$

となることに留意すると，$\dfrac{1}{z}$ の項のみ考えればよい．ゆえに，

$$F_x - iF_y = \frac{i\rho}{2} \oint_C \left(\frac{df}{dz}\right)^2 dz$$
$$= -\frac{i\rho}{2} \oint_C \frac{2Ui\kappa}{z} dz$$
$$= i2\pi\rho U\kappa$$

となる．これより $F_x = 0$，$F_y = -2\pi\rho U\kappa$ と求められる．

経路 C を単位円：$z = e^{i\theta}$ とすると $dz = ie^{i\theta} d\theta$ より，

$$\oint_C z^n dz = \oint_C e^{in\theta} ie^{i\theta} d\theta$$
$$= i \oint_C e^{(n+1)i\theta} d\theta$$

である．$n \neq -1$ のとき，

$$\oint_C z^n dz = \frac{1}{n+1}$$
$$\times \left(e^{(n+1)2\pi i} - 1\right) = 0$$

となり，$n = -1$ のとき，

$$\oint_C z^n dz = \oint_C \frac{1}{z} dz$$
$$= i \oint_C d\theta = 2\pi i$$

となる．経路 C を単位円として一般性を失わないことはコーシーの積分定理によって保証される．

10 章の発展問題

10-1. 湧き出し（強さ $m > 0$）と一様流（大きさ U）の組合せでできる流れを考える．(a) 2 次元，(b) 3 次元のそれぞれについて，流れの特徴，湧き出し点からよどみ点までの距離 a，十分下流での湧き出した流体の占める領域の幅 b，を求めよ．

10-2. 3 次元の一様流と 2 重湧き出しの組合せでできる流れは，一様流中に球がある場合に対応する．球から十分に離れた所の圧力を p_0 として，球の表面での圧力を求めよ．また，その圧力により球に働く力を求めよ．

10-3. z, w は複素数とする．ジューコフスキー変換 $w = z + \dfrac{a^2}{z}$ を用いて，z 面で複素速度ポテンシャル

$$f(z) = Ue^{-i\beta}z + \frac{Ua^2 e^{i\beta}}{z} + i\kappa \log z$$

で表される流れを w 面に変換し，その w 面での流れを考える．ここで，U, a は正の定数，β, κ は実数の定数である．先に説明したように，z 面での半径 a の円柱の周りの流れが，w 面では長さ $4a$ の平板周りの流れとなる．次の問い (a)〜(c) に答えよ．

(a) $\kappa = 0$ とする．平板の端の $w = \pm 2a$ で，流速が ∞ となることを示せ．

(b) $w = 2a$ で流速が ∞ にならないように κ を定めることができる．その κ を求めよ．

(c) w 面における複素速度ポテンシャルは，次のように近似できる．

$$f(w) = Ue^{-i\beta}w + Ua^2 \left(e^{i\beta} - e^{-i\beta}\right) \frac{1}{w} + i\kappa \log w$$

これを利用して，平板に働く力を求めよ．

11　水面波

図 11.1: 海岸に打ち寄せる波.

―――《 内容のまとめ 》―――

　固体（容器の壁など）と接していない液面を自由表面という．代表的な例
は，重力場に形成される空気と水の境界面である水面である（図 11.1）．何ら
かの攪乱により変動した水面には水面波が生成され，その水面波は攪乱源か
ら離れて伝搬する．完全流体，渦なし，非圧縮の条件のもと，ラプラスの方程
式を解くことで水面波の運動を知ることができる．最も基本的なものは振幅が
微小であるとする波の線形論で，本書では，これを無限小振幅波という．11

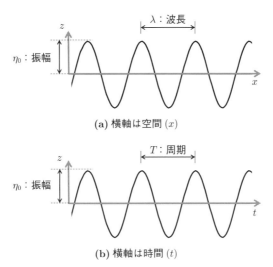

(a) 横軸は空間 (x)

(b) 横軸は時間 (t)

図 11.2: 波の模式図.

章では,波に関する基礎的な事柄と無限小振幅波について説明する.

まず,水面波の形状に関連するパラメータを説明しよう.ここでは,波形が

$$z = \eta = \eta_0 \sin(kx - \omega t) \tag{11.1}$$

である場合を例にとる.式 (11.1) の η_0 は**振幅**,k は**波数**,ω は**角周波数**である.振幅はつり合いの位置からの最大の変位の大きさである.波数は単位長さあたりの波の数である.角周波数は単位時間あたりの波の数(**周波数**)に 2π を掛けたものである[1].

式 (11.1) で表される波は,z 方向に変位しながら x 方向に伝搬する.図 11.2 は波の模式図であり,図 11.2(a) はある瞬間の波の様子をとらえたものである.図 11.2(b) は,ある地点で連続的に波を観測したものを,横軸を時間 t として図示したものである.式 (11.1) で表される波は時間と空間の両方で振動していることに注意が必要である.

式 (11.1) の $kx - \omega t$ を**位相**という.ある地点から,すぐ隣の同じ位相となる点までの長さが**波長** (λ) である(図 11.2(a)).$t = t_0$ の波で,$x = x_0$ のす

---

[1] 周波数を f とすると $\omega = 2\pi f$.周波数(角周波数)は,振動数(角振動数)ということもある.どちらを使うかは,学問分野の慣習による.

ぐ隣の同じ位相となる点が $x = x_1$ なら,

$$kx_0 - \omega t_0 = (kx_1 - \omega t_0) \pm 2\pi$$

であるので,波長 (λ) と波数 (k) の関係は,

$$\lambda = |x_1 - x_0| = \frac{2\pi}{k} \tag{11.2}$$

となる.ある時刻から,すぐ隣の同じ位相となる時刻までの時間間隔が周期 T である(図 11.2(b)).波長と同様に考えれば,周期 (T) と角周波数 (ω) の関係が,

$$T = \frac{2\pi}{\omega} \tag{11.3}$$

と求められる.

　時刻 t_1 における波の,点 x_1 における位相は $kx_1 - \omega t_1$ である.この点 x_1 が,時刻 t_2 に点 x_2 に移動したとする(図 11.3).このとき,位相が同じであるなら,

$$kx_1 - \omega t_1 = kx_2 - \omega t_2$$

であり,これから

$$\frac{x_2 - x_1}{t_2 - t_1} = \frac{\delta x}{\delta t} = \frac{\omega}{k} \quad (\delta x = x_2 - x_1, \ \delta t = t_2 - t_1)$$

となるが,この左辺は $\delta t \to 0$ の極限を考えれば,同じ位相の点が移動する速度と考えることができる.これを**位相速度**という.

　位相速度 c_p と波長 (λ) と周期 (T),あるいは,波数 (k) と角周波数 (ω) の間には,

$$c_p = \frac{\lambda}{T} = \frac{\omega}{k} \tag{11.4}$$

という関係がある.

　式 (11.4) は,位相速度を仲立ちにして,波数と周波数がある関係で結びついていると解釈できる.波数と周波数の間の関係を調べることは,波の性質を知る手掛かりとなる.波数と周波数の関係のことを**分散関係**という.

　図 11.2 に示した波は振幅が一定であったが,複数の波が重なり合うことに

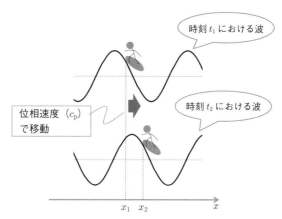

図 11.3: 位相速度 (c_p) の説明図.

よって，図 11.4 のように波の振幅が変化する場合もある.

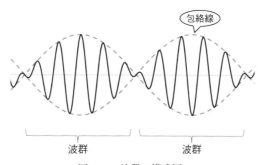

図 11.4: 波群の模式図.

　図 11.4 では，波長の短い波の包絡線によって，より波長の長い波が描かれている．逆に，波長の長い波によって，波長の短い波がひとかたまりとなって伝搬していくという見方もできる．波長の長いほうの波の進行速度を，**群速度**という．群速度 c_g は，

$$c_g = \frac{d\omega}{dk} \tag{11.5}$$

で求められる（例題 23）.

《 無限小振幅波 》

---

xz 面内の 2 次元的な運動を考える．波の進行方向を x，水位変動の方向を z とする．波がない（静止している）場合の水深を一定値 h $(h > 0)$ とし，水面を $z = 0$，水底を $z = -h$ とする（図 11.5）．このとき，無限小振幅波の速度ポテンシャル (ϕ) は，水面の波形を $\eta = \eta_0 \sin(kx - \omega t)$ として，

$$\phi = \frac{-\omega \eta_0}{k} \frac{\cosh\left[k(z+h)\right]}{\sinh(kh)} \cos(kx - \omega t)$$
$$= \frac{-g\eta_0}{\omega} \frac{\cosh\left[k(z+h)\right]}{\cosh(kh)} \cos(kx - \omega t) \tag{11.6}$$

と求められる．ここで，k は波数，ω は角振動数である．波数と振動数の間に成り立つ分散関係式は，

$$\omega^2 = gk \tanh(kh) \tag{11.7}$$

となる．式 (11.6)，式 (11.7) の導出は，発展問題 11-1 とした．

式 (11.6) や式 (11.7) を使えば，位相速度や群速度，波に伴う流体粒子の速度などを導くことができる．しかし，式はやや複雑であり，波の運動の性質がわかりにくい．そのため，波の運動の性質を把握するのに便利で，かつ実用性も高い近似として，深水波と浅水波というものがある．波の波長とその波が伝搬する水域の水深とを比較したときに，波の波長が水深に比べて十分大きい（長い）波が浅水波である．例えば，沖合の海を伝搬する津波は，波の波長が

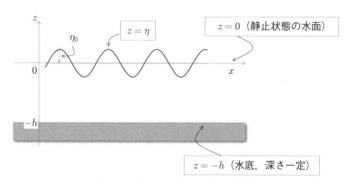

図 11.5: 深さが一定の水域の水面波.

水深に比べて十分に長く，浅水波（海であるので，浅海波）とみなすことができる．逆に，波の波長が水深に比べて十分小さい（短い）波が深水波である[2].

例題 23   波の位相速度，群速度，分散関係

x, t を変数とする偏微分方程式

$$\frac{\partial^2 u}{\partial t^2} = c^2 \frac{\partial^2 u}{\partial x^2} \tag{1}$$

の解として

$$u_1 = \sin(k_1 x - \omega_1 t),$$
$$u_2 = u_1 + \sin(k_2 x - \omega_2 t)$$

を考える．$c, k_1, k_2, \omega_1, \omega_2$ は正の定数とする．次の問いに答えよ．

(a) u_1 が (1) 式の解であるとき，c, k_1, ω_1 の間に成立する関係を求めよ．

(b) u_2 が (1) 式の解であるとき，$c, k_1, k_2, \omega_1, \omega_2$ の間に成立する関係を求めよ．

(c) $k_2 = k_1 + \delta k$，$\omega_2 = \omega_1 + \delta\omega$ で，$\delta k \ll k_1$，$\delta\omega \ll \omega_1$ であるとき，u_2 が，

$$u_2 = 2\cos\left[\frac{\delta k(x - ct)}{2}\right] \sin[k_1(x - ct)]$$

と書けることを示せ．

考え方

波の位相速度，群速度，分散関係に関連した問題である．偏微分方程式 (1) は，1 次元の波動方程式である．(a), (b) については，u_1 あるいは u_2 を方程式 (1) に代入して，左辺と右辺が等しくなる条件を考える．(c) は，偏微分方程式を使う必要はない．三角関数に関する公式

$$\sin A + \sin B = 2\sin\frac{A + B}{2}\cos\frac{A - B}{2}$$

を使って考えよう．

(a), (b) の結果から，偏微分方程式 (1) の係数 c が位相速度であることがわかる．また，偏微分方程式を満たす正弦波解は，波数と周波数の間に分散関係式

$$\omega^2 = c^2 k^2$$

が成立することがわかる.

(c) では，2 つの波を合成して，

$$u_2 = 2\cos\left[\frac{\delta k}{2}(x - ct)\right] u_1$$

となるので，u_1 の振幅が変調していると考えることができる. 変調もま
た周期的であるので，それによって波を波群に区切ることができる. その
波群の速度（群速度）c_g は，

$$c_g = \frac{\delta\omega}{\delta k} = \frac{d\omega}{dk}$$

である. この例題では $c_g = c$, つまり，群速度と位相速度が一致してい
る.

‖解答‖

(a) $u_1 = \sin(k_1 x - \omega_1 t)$ を (1) 式に代入すると，

$$\frac{\partial^2 u_1}{\partial t^2} = -\omega_1^2 \sin(k_1 x - \omega_1 t),$$
$$c^2 \frac{\partial^2 u_1}{\partial x^2} = -c^2 k_1^2 \sin(k_1 x - \omega_1 t).$$

よって，

$$\omega_1^2 = c^2 k_1^2.$$

c, k_1, ω_1 は正の定数なので，

$$c = \frac{\omega_1}{k_1}.$$

(b) $u_2 = u_1 + \sin(k_2 x - \omega_2 t)$ を (1) 式に代入すると，

$$\omega_1^2 + \omega_2^2 = c^2(k_1^2 + k_2^2)$$

が導かれる. (a) の結果から，

$$c = \frac{\omega_1}{k_1} = \frac{\omega_2}{k_2}$$

(c) $u_2 = u_1 + \sin(k_2 x - \omega_2 t)$ より，

ワンポイント解説

・$\dfrac{\partial u_1}{\partial t} = -\omega_1 \times$
$\cos(k_1 x - \omega_1 t)$
で
$\dfrac{\partial^2 u_1}{\partial t^2} = -\omega_1 \times$
$[-\sin(k_1 x - \omega_1 t)]$
$\times (-\omega_1)$

$$u_2 = \sin(k_1 x - \omega_1 t) + \sin(k_2 x - \omega_2 t)$$

$$= 2 \sin \left[\frac{(k_1 x - \omega_1 t) + (k_2 x - \omega_2 t)}{2} \right]$$

$$\times \cos \left[\frac{(k_1 x - \omega_1 t) - (k_2 x - \omega_2 t)}{2} \right]$$

$$= 2 \cos \left[\frac{(k_1 - k_2)x - (\omega_1 - \omega_2)t}{2} \right]$$

$$\times \sin \left[\frac{(k_1 + k_2)x - (\omega_1 + \omega_2)t}{2} \right]$$

$$= 2 \cos \left(\frac{\delta k x - \delta \omega t}{2} \right)$$

$$\times \sin \left[\frac{(2k_1 + \delta k)x - (2\omega_1 + \delta \omega)t}{2} \right]$$

ここで, $\delta k \ll k_1$, $\delta \omega \ll \omega_1$ より

$$2k_1 + \delta k \fallingdotseq 2k_1,$$

$$2\omega_1 + \delta \omega \fallingdotseq 2\omega_1$$

とすれば,

$$u_2 \fallingdotseq 2 \cos \left(\frac{\delta k x - \delta \omega t}{2} \right) \sin(k_1 x - \omega_1 t)$$

となる.

さらに,

$$\frac{\delta \omega}{\delta k} = \frac{\omega_2 - \omega_1}{k_2 - k_1} = \frac{c(k_2 - k_1)}{k_2 - k_1} = c$$

から,

$$u_2 \fallingdotseq 2 \cos \left[\frac{\delta k(x - ct)}{2} \right] \sin(k_1 x - \omega_1 t)$$

$$= 2 \cos \left[\frac{\delta k(x - ct)}{2} \right] \sin \left[k_1 \left(x - \frac{\omega_1}{k_1} t \right) \right]$$

$$= 2 \cos \left[\frac{\delta k(x - ct)}{2} \right] \sin \left[k_1 (x - ct) \right]$$

・u_2 の振幅 $\cos \cdots$ の同位相の点の伝搬速度を考えると,

$$\frac{\delta k x - \delta \omega t}{2}$$

$$= \frac{\delta k(x + \delta x)}{2}$$

$$- \frac{\delta \omega(t + \delta t)}{2}$$

から,

$$\frac{\delta x}{\delta t} = \frac{\delta \omega}{\delta k}$$

となる. これが群速度である.

例題 24　浅水波の分散関係式，位相速度，群速度

波の波長が水深に比べて十分大きい波を，浅水波という．$kh \to 0$ とすることにより，(a) 分散関係式，(b) 位相速度，(c) 群速度，を求めよ．

考え方

双曲線関数の近似は，次の表に従うとよい．

関数	$kh \to \infty$	$kh \to 0$
$\cosh(kh)$	$\dfrac{e^{kh}}{2}$	1
$\sinh(kh)$	$\dfrac{e^{kh}}{2}$	kh
$\tanh(kh)$	1	kh
$\cosh[k(z+k)]$	$\dfrac{e^{k(z+h)}}{2}$	1

‖解答‖

(a) 分散関係式は，

$$\omega^2 = gk \tanh(kh).$$

$kh \to 0$ で，$\tanh(kh) \to kh$ なので，

$$\omega^2 = gk^2 h.$$

(b) 位相速度 c_p は，

$$c_p = \frac{\omega}{k} = \sqrt{gh}.$$

(c) 群速度 c_g は，

$$c_g = \frac{d\omega}{dk} = \sqrt{gh}.$$

ワンポイント解説

・無限小振幅波の分散関係式 (11.7) を使う．

例題 25   深水波の速度ポテンシャル，流体粒子の速度，エネルギー ──

波の波長が水深に比べて十分小さい波を，深水波という．$kh \to \infty$ とすることにより以下を求めよ．水面の波形は $\eta = \eta_0 \sin(kx - \omega t)$ とする．

(a) 速度ポテンシャル

(b) 流体粒子の速度

(c) 単位幅・一波長あたりの波の位置エネルギー

(d) 単位幅・一波長あたりの波の運動エネルギー

考え方

前の例題で示した双曲線関数の近似を使って，まず，速度ポテンシャルを簡単化することを考えよう．簡単化された速度ポテンシャル ϕ から，流体粒子の速度は，

$$u = \frac{\partial \phi}{\partial x}, \; w = \frac{\partial \phi}{\partial z}$$

で求めることができる．ここで，u, w はそれぞれ x 方向（波の進行方向），z 方向（水位変動の方向）の速度である．

位置エネルギー (E_p) は，L を波長，ρ を密度（一定）として，

$$E_p = \int_0^L dx \int_{-h}^{\eta} \rho g z \, dz$$

である．運動エネルギー (E_k) は，

$$E_k = \int_0^L dx \int_{-h}^{0} \frac{\rho}{2} (u^2 + w^2) dz$$

である．z 方向の積分区間は，簡単のため水底 $(-h)$ から 0 とする．問題文中にある単位幅とは，xz 面に直交する方向（y 方向）の幅であり，これを 1 とするということである．空間的に無限に広がる波を考えているので，その一部分を切り取らないと，エネルギーは無限大になる．

∥解答∥

ワンポイント解説

(a) $kh \to \infty$ において，

$$\cosh[k(z+h)] \to \frac{e^{k(z+h)}}{2}, \quad \cosh(kh) \to \frac{e^{kh}}{2}$$

となるので，

$$\phi = \frac{-g\eta_0}{\omega}e^{kz}\cos(kx - \omega t)$$

となる.

(b) 流体粒子の速度は，(a) で求めた速度ポテンシャル ϕ を用いて，

$$u = \frac{\partial\phi}{\partial x} = \frac{g\eta_0 k}{\omega}e^{kz}\sin(kx - \omega t),$$
$$w = \frac{\partial\phi}{\partial z} = \frac{-g\eta_0 k}{\omega}e^{kz}\cos(kx - \omega t)$$

となる.

(c) 位置エネルギーは，

$$E_p = \int_0^L dx \int_{-h}^{\eta} \rho g z dz = \rho g \int_0^L dx \int_{-h}^{\eta} z dz$$
$$= \rho g \int_0^L \frac{\eta^2 - h^2}{2} dx$$
$$= \frac{\rho g}{2}\left[\int_0^L \eta_0^2 \sin^2(kx - \omega t)dx - h^2 L\right]$$
$$= \frac{\rho g \eta_0^2}{2}\int_0^L \left[\frac{1 - \cos 2(kx - \omega t)}{2}\right]dx - \frac{1}{2}\rho g h^2 L$$
$$= \frac{\rho g \eta_0^2}{2}\left[\frac{1}{2}x - \frac{1}{4}\sin 2(kx - \omega t)\right]_{x=0}^{x=L} - \frac{1}{2}\rho g h^2 L$$
$$= \frac{1}{4}\rho g \eta_0^2 L - \frac{1}{2}\rho g h^2 L$$

となる.

　E_p の2つある項のうち $\frac{1}{2}\rho g h^2 L$ は，波とは関係のない位置エネルギーである．通常は，これを無視した $\frac{1}{4}\rho g \eta_0^2 L$ のみを波の位置エネルギーと定義する.

(d) 運動エネルギーは，(b) より

$$u^2 + w^2 = \left(\frac{g\eta_0 k}{\omega}\right)^2 e^{2kz}.$$

・流体粒子の速度 u, w には sin や cos が含まれる．このことは，流体粒子そのものは，狭い範囲で周期的な運動をしていることを示唆する．流体粒子が，波の位相速度で進むと考えてはいけない.

・L は波長なので，$(kx - \omega t)|_{x=0}$ と $(kx - \omega t)|_{x=L}$ は同位相となる．ゆえに，$\sin 2(kx - \omega t)$ から生じる項は消える.

よって,

$$E_k = \int_0^L dx \int_{-h}^0 \frac{\rho}{2}(u^2 + w^2)dz$$

$$= \frac{\rho}{2}\left(\frac{g\eta_0 k}{\omega}\right)^2 \int_0^L \frac{1}{2k}(1 - e^{-2kh})dx$$

$$= \frac{\rho}{2}\left(\frac{g\eta_0 k}{\omega}\right)^2 \frac{1}{2k}L$$

$$= \frac{1}{4}\rho g \eta_0^2 L$$

となる.

・$kh \rightarrow \infty$ より
$e^{-2kh} \rightarrow 0.$

11 章の発展問題

11-1. 無限小振幅波の速度ポテンシャル（式 (11.6)）と分散関係（式 (11.7)）を導け.

11-2. 1960 年 5 月 23 日 4 時 11 分にチリで発生した地震による津波は，約 23 時間後に太平洋を横断して日本に到着した．日本—チリ間の距離は約 1 万 7 千 km である．このことから，太平洋の平均水深を見積もれ.

11-3. 深水波 $(kh \to \infty)$ について (a) 分散関係式，(b) 位相速度，(c) 群速度を求めよ.

11-4. 浅水波 $(kh \to 0)$ について，次の (a) から (d) を求めよ．水面の波形は $\eta = \eta_0 \sin(kx - \omega t)$ とする.

(a) 速度ポテンシャル

(b) 流体粒子の速度

(c) 単位幅・一波長あたりの波の位置エネルギー

(d) 単位幅・一波長あたりの波の運動エネルギー

12 完全流体の渦運動

———《 内容のまとめ 》———

　この章では，完全流体の範囲内で，「渦なし流れ」に対する「渦ありの流れ」，および，渦なし流れの中で渦度が特異点として存在する渦糸による流れの問題を取り扱う．これは，強制的にかき混ぜられた，つまり外部から渦度が供給されたときに生じる渦流（例題 26）や，竜巻状の渦流（図 7.4）や渦輪（図 12.1），複数の渦のある系（図 12.5）などを考える場合の基礎となる．

　渦あり流れとして渦管を考える（図 12.2）．7章で，「同じ渦管なら，その渦管を一周するような経路での循環 Γ の値は一定」ということを述べた．これより，渦管を 1 周するような 2 つの閉曲線 C_1 と C_2 を考えると，C_1 および C_2 に沿った循環 Γ は一定で，

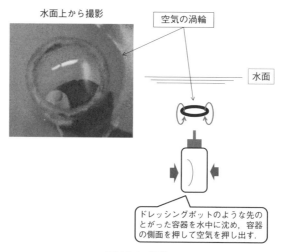

水面上から撮影

空気の渦輪

水面

ドレッシングポットのような先のとがった容器を水中に沈め，容器の側面を押して空気を押し出す．

図 12.1: 渦輪.

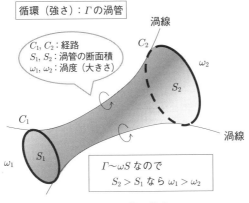

図 12.2: 渦管の性質.

$$\Gamma = \oint_{C_1} \mathbf{v} \cdot d\mathbf{r} = \oint_{C_2} \mathbf{v} \cdot d\mathbf{r} \tag{12.1}$$

という関係がある．ここでストークスの定理を用いると，渦度 $\boldsymbol{\omega} = \nabla \times \mathbf{v}$ に注意して，

$$\Gamma = \int_{S_1} \boldsymbol{\omega} \cdot d\mathbf{s} = \int_{S_2} \boldsymbol{\omega} \cdot d\mathbf{s} \tag{12.2}$$

と書き換えることができる．S_1 は閉曲線 C_1 が囲む領域の面積，S_2 は閉曲線 C_2 が囲む領域の面積である．循環は，大まかにいえば渦度と渦管の断面積の積である．したがって循環の値が一定なら，渦管の断面積が小さくなるほど渦度は大きくなるといえる（図 12.2）.

逆に，渦管の断面積をどんどん大きくすると，渦度は小さくなる．しかし，ラグランジュの渦定理（7 章）から渦度が 0 になることはないので，断面積が無限大になることはない．渦管があるとすれば，「その渦管は流体中で境界から境界まで伸びている」あるいは「自ら閉じて渦輪をつくる」ということになる．

次に，渦管が流れとともに移動した場合を考える．ここで，ケルビンの循環定理（式 (7.9)）：

$$\frac{d\Gamma}{dt} = 0$$

を思い出そう．渦管の循環は一定であるから，ケルビンの循環定理が成立する条件下では，移動した渦管の循環は時間変化しない．つまり，外力が保存力の，粘性のないバロトロピー流体においては，流体とともに動き，かつ，その循環（渦管の強さ）が保存される渦管を考えることができる．これをヘルムホルツの渦定理という．

《 非圧縮完全流体の渦あり流れ 》

はじめに，2次元流の場合を考える．非圧縮なので，流れ $\mathbf{v} = (u, v, 0)$ は流線関数 ψ を用いて，

$$u = \frac{\partial \psi}{\partial y}, \ v = -\frac{\partial \psi}{\partial x}$$

と表すことができる．このとき，渦度 $\boldsymbol{\omega}$ は，$\mathbf{i}, \mathbf{j}, \mathbf{k}$ をそれぞれ x, y, z 方向の単位ベクトルとして，

$$\boldsymbol{\omega} = \nabla \times \mathbf{v} = \begin{vmatrix} \mathbf{i} & \mathbf{j} & \mathbf{k} \\ \frac{\partial}{\partial x} & \frac{\partial}{\partial y} & \frac{\partial}{\partial z} \\ u & v & 0 \end{vmatrix} = \left(\frac{\partial v}{\partial x} - \frac{\partial u}{\partial y} \right) \mathbf{k}$$

$$= -\left(\frac{\partial^2 \psi}{\partial x^2} + \frac{\partial^2 \psi}{\partial y^2} \right) \mathbf{k}$$

となる[1]．この式からわかるように，2次元流の場合，渦度 $\boldsymbol{\omega}$ は $\mathbf{k}$，つまり，z 方向（流線のある xy 面に直交する方向）の成分しかもたない．それを ω と書くと，流線関数 ψ は

$$\omega = -\left(\frac{\partial^2 \psi}{\partial x^2} + \frac{\partial^2 \psi}{\partial y^2} \right) = \nabla^2 \psi \tag{12.3}$$

というポアソン方程式の解となる．

3次元の渦あり流れの場合は，非圧縮の条件からベクトルポテンシャル $\mathbf{A}$ を導入することができる．このとき，流れ $\mathbf{v}$ は

---

[1] u, v, ψ は，x, y の関数であることに注意する．

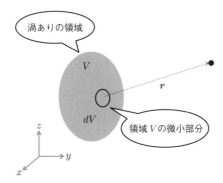

図 12.3: 渦あり領域 V による流れを求めるための補助図.

$$\mathbf{v} = \nabla \times \mathbf{A} \tag{12.4}$$

となる．ここで，ベクトルポテンシャルが $\nabla \cdot \mathbf{A} = 0$ となるという条件を加えると，

$$\boldsymbol{\omega} = \nabla \times \mathbf{v} = \nabla \times \nabla \times \mathbf{A} = \nabla\left(\nabla \cdot \mathbf{A}\right) - \nabla^2 \mathbf{A} = -\nabla^2 \mathbf{A} \tag{12.5}$$

というポアソン方程式を考えることができる．

　渦度が有限の領域 V にのみ存在し，領域 V から十分離れた所でベクトルポテンシャルが $\mathbf{0}$ となる場合には，

$$\mathbf{A} = \frac{1}{4\pi} \int_V \frac{\boldsymbol{\omega}}{r} dV \tag{12.6}$$

という解を考えることができる[2]．$\boldsymbol{r}$ は，領域 V の微小部分 dV からの位置ベクトルで $r = |\boldsymbol{r}|$ ある（図 12.3）．このとき，領域 V によって生じる流れは

$$\mathbf{v} = \frac{1}{4\pi} \int_V \frac{\boldsymbol{\omega} \times \mathbf{r}}{r^3} dV \tag{12.7}$$

となる．

---

[2]グリーンの公式を使って求める．説明は省略．

---------------------《 渦糸と渦糸系 》---------------

　渦ありの領域が有限の領域にのみ存在している例として，再び渦管を考える．その渦管を，渦管の強さ（＝循環）を保持したまま断面を（極限まで）小さくする．すると，それは「線状の渦管」となる．これを渦糸という．2 次元の渦糸は 9 章で登場したが，いま考えているのは，3 次元空間内で自由な曲線となる渦糸である．

　3 次元の渦糸による流れ $\mathbf{v}$ を，渦度が有限の領域 V にある場合の流れの式 (12.7) から導いてみよう．渦糸の微小部分 dV とは，長さを ds，断面積を σ として，$dV = \sigma ds$ である．渦糸の微小部分での接線方向の単位ベクトルを $\mathbf{s}$，渦度の大きさを ω とすると，$\boldsymbol{\omega} = \omega\mathbf{s}$ であるので，式は

$$\mathbf{v} = \frac{1}{4\pi}\int_C \frac{\omega\mathbf{s}\times\mathbf{r}}{r^3}\sigma ds \tag{12.8}$$

のようになる．ここで，$d\mathbf{s} = \mathbf{s}ds$ であり，また $\omega\sigma = \Gamma$ として，

$$\mathbf{v} = \frac{1}{4\pi}\int_C \frac{\Gamma d\mathbf{s}\times\mathbf{r}}{r^3} \tag{12.9}$$

が導かれる．これが，強さ Γ の渦糸 C による，渦糸から距離 r の点 P の流れ $\mathbf{v}$ を与える式であり，ビオ・サバールの法則という．$d\mathbf{s}$ は渦糸 C の線素ベクトルで，渦糸上の点 Q にあるとする．$\mathbf{r} = \overrightarrow{\mathrm{QP}}$ であり，$r = |\mathbf{r}|$ である（図 12.4）．

　ビオ・サバールの法則から求められる直交座標 O-xyz の z 軸に渦糸がある場合の xy 平面上の流れは，2 次元の複素平面上の原点に渦糸がある場合の流れと一致する（発展問題 12-2）．

　渦糸は循環 Γ を保持するので，渦線とは異なる．渦糸はまた，回転する流体粒子と考えることができて，背景場の流れの影響を受けて運動する．このとき，渦糸についてもヘルムホルツの渦定理は成立する．つまり，運動しても「渦糸」が「渦糸でない流体粒子」になることはないし，「渦糸でない流体粒子」が「渦糸」になることもない．

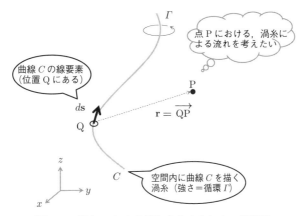

図 12.4: 渦糸 C による流れを求めるための補助図.

2 次元の渦糸系

　自然界には，複数の渦が存在することがある（図 12.5）．こうした場合の渦の振る舞いの特徴を知るために，2 次元の渦糸が複数ある系（渦糸系）と簡単化することがある．2 次元の渦糸であれば，非圧縮完全流体の渦なし流れとして取り扱うことができる．つまり，N 個の渦糸による複素速度ポテンシャルとして，

$$f(z) = \sum_{n=1}^{N} \frac{-i\Gamma_n}{2\pi} \log(z - z_n) \tag{12.10}$$

を考えることができる．ここで，複素平面上の z_n の位置にある渦糸の強さを Γ_n とする（$n = 1, \ldots, N$）．複素速度ポテンシャルから流れを求める手順は通常どおりである．ただし，このとき，渦糸は自分自身が作り出す流れの影響は受けないと考えることに注意しよう．これは例えば，渦糸のある z_1 の位置の流れ，すなわち，z_1 の位置にある渦糸の移動速度は，z_2 から z_N までの $N-1$ 個の渦糸から求められるということである．

図 12.5: 複数の渦. 静止した水の中で棒状のものを動かした後にできる渦を可視化.

例題 26　渦ありの渦 ────────────────────

　半径 a の円筒容器内の，自由表面をもつ非圧縮完全流体の定常流 $\mathbf{v}$ を考える．ここでは，円筒容器の中心軸を z 軸（鉛直上向きが z 軸の正の向き）とする直交座標（水平方向を x, y）あるいは円筒座標（動径を r，偏角を θ）を用いて運動を記述する．

　流れは，鉛直 (z) 方向の速度が 0 $(w = 0)$ の 2 次元的な流れであり，外力としては，鉛直下向きに重力が働いている．また，ω を定数として渦度ベクトルが $\boldsymbol{\omega} = (0, 0, 2\omega)$ であるとき，以下の問いに答えよ．

(a) この流れの流線関数を ψ とする．ψ が r のみの関数であるとき，ポアソン方程式が，

$$\nabla^2 \psi = \frac{1}{r}\frac{d}{dr}\left(r\frac{d\psi}{dr} \right) = -2\omega$$

となることを示せ．

(b) (a) の方程式を解き，流速分布を求めよ．

(c) (b) で求めた流れの自由表面の形状を求めよ．自由表面において $p = p_\infty$．また，$r = 0$ で $z = h$, $\mathbf{v} = \mathbf{0}$ とする．

──

考え方

　(a) は，$x = r\cos\theta$, $y = r\sin\theta$ という座標変換をする．次の関係を思い出そう．

$$\frac{\partial r}{\partial x} = \cos\theta, \ \ \frac{\partial r}{\partial y} = \sin\theta, \ \ \frac{\partial \theta}{\partial x} = -\frac{\sin\theta}{r}, \ \ \frac{\partial \theta}{\partial y} = \frac{\cos\theta}{r}$$

　(b) では，問題内で与えられている微分方程式を解き，流線関数を求める．流線関数から流速分布がわかる．(c) の自由表面の形状は，(b) で求めた流れを用いてオイラーの運動方程式を書き，それを解くことを考える．自由表面の形状は，図 12.6 に示すような回転放物面となる．

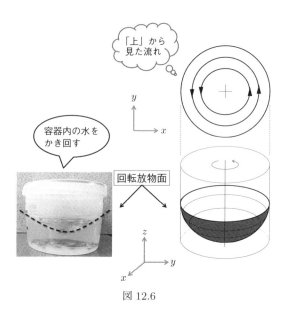

図 12.6

‖解答‖

(a) ポアソン方程式は,

$$\frac{\partial^2 \psi}{\partial x^2} + \frac{\partial^2 \psi}{\partial y^2} = -2\omega$$

である. この左辺を r, θ に変換することを考える. ψ が r のみの関数であることに注意すると,

$$\frac{\partial \psi}{\partial x} = \frac{\partial r}{\partial x}\frac{\partial \psi}{\partial r} + \frac{\partial \theta}{\partial x}\frac{\partial \psi}{\partial \theta} = \frac{\partial r}{\partial x}\frac{\partial \psi}{\partial r}$$
$$= \cos\theta \frac{d\psi}{dr}.$$

これを用いて,

ワンポイント解説

・$\dfrac{\partial \psi}{\partial \theta} = 0$

$$\frac{\partial^2 \psi}{\partial x^2} = \frac{\partial}{\partial x}\left(\cos\theta \frac{d\psi}{dr}\right)$$

$$= \cos\theta \frac{\partial}{\partial r}\left(\frac{\partial \psi}{\partial x}\right) + \frac{d\psi}{dr}\frac{\partial \cos\theta}{\partial x}$$

$$= \cos^2\theta \frac{d^2\psi}{dr^2} - \sin\theta \frac{d\psi}{dr}\frac{\partial\theta}{\partial x}$$

$$= \cos^2\theta \frac{d^2\psi}{dr^2} + \frac{\sin^2\theta}{r}\frac{d\psi}{dr}.$$

同様にして,

$$\frac{\partial^2 \psi}{\partial y^2} = \sin^2\theta \frac{d^2\psi}{dr^2} + \frac{\cos^2\theta}{r}\frac{d\psi}{dr}$$

が求められる.

以上より,

$$\frac{\partial^2 \psi}{\partial x^2} + \frac{\partial^2 \psi}{\partial y^2} = \frac{d^2\psi}{dr^2} + \frac{1}{r}\frac{d\psi}{dr}$$

$$= \frac{1}{r}\frac{d}{dr}\left(r\frac{d\psi}{dr}\right) = -2\omega$$

となる.

(b) 方程式の解は,C_0, C_1 定数として

$$\psi = -\frac{\omega}{2}r^2 + C_0 \log r + C_1$$

となる.ただし,流れの内部に特異点はないので,$C_0 = 0$ である.よって

$$\psi = -\frac{\omega}{2}r^2 + C_1 = -\frac{\omega}{2}(x^2 + y^2) + C_1.$$

流速分布は,r, θ 方向の速度成分を u_r, u_θ とすると,

$$u_r = \frac{1}{r}\frac{\partial \psi}{\partial \theta} = 0,$$

$$u_\theta = -\frac{\partial \psi}{\partial r} = \omega r$$

となる.あるいは,x, y 方向の速度成分を u, v とすると,

$$\cdot \frac{d}{dr}\left(r\frac{d\psi}{dr}\right)$$
$$= -2\omega r$$

より,C_0 を定数として

$$r\frac{d\psi}{dr}$$
$$= -\omega r^2 + C_0$$

$$\frac{d\psi}{dr}$$
$$= -\omega r + \frac{C_0}{r}$$

$$u = \frac{\partial \psi}{\partial y} = -\omega y,$$

$$v = -\frac{\partial \psi}{\partial x} = \omega x$$

となる.

(c) 定常な 2 次元流であるので，オイラーの運動方程式は，

$$u\frac{\partial u}{\partial x} + v\frac{\partial u}{\partial y} = -\frac{1}{\rho}\frac{\partial p}{\partial x},$$

$$u\frac{\partial v}{\partial x} + v\frac{\partial v}{\partial y} = -\frac{1}{\rho}\frac{\partial p}{\partial y},$$

$$0 = -\frac{1}{\rho}\frac{\partial p}{\partial z} - g$$

と書ける.

(a) で求めた流速を代入すると，

$$-\omega^2 x = -\frac{1}{\rho}\frac{\partial p}{\partial x},$$

$$-\omega^2 y = -\frac{1}{\rho}\frac{\partial p}{\partial y},$$

$$0 = -\frac{1}{\rho}\frac{\partial p}{\partial z} - g.$$

これらを解くと，C を定数として，

$$p = C - \rho g z + \frac{1}{2}\rho\omega^2(x^2 + y^2)$$

$r = 0\ (x = y = 0)$ で $z = h$ なので，

$$p = C - \rho g h.$$

よって，

$$z = \frac{\omega^2}{2g}(x^2 + y^2) + h = \frac{\omega^2 r^2}{2g} + h$$

自由表面の形状は，回転放物面である.

・円筒座標の場合は，

$$-\frac{u_\theta^2}{r} = -\omega^2 r$$

$$= -\frac{1}{\rho}\frac{\partial p}{\partial r}$$

$$0 = -\frac{1}{\rho}\frac{1}{r}\frac{\partial p}{\partial \theta}$$

$$0 = -\frac{1}{\rho}\frac{\partial p}{\partial z} - g$$

となる.

・記号は違うが，この p は，発展問題 4-2 と同じである.

例題 27　渦度が領域 V にある流れ

ベクトルポテンシャルが

$$\mathbf{A} = \frac{1}{4\pi} \int_V \frac{\boldsymbol{\omega}}{r} dV$$

であるとき,

$$\mathbf{v} = \frac{1}{4\pi} \int_V \frac{\boldsymbol{\omega} \times \mathbf{r}}{r^3} dV$$

を導け.

考え方

流れとベクトルポテンシャルの関係から,

$$\mathbf{v} = \nabla \times \mathbf{A} = \nabla \times \left(\frac{1}{4\pi} \int_V \frac{\boldsymbol{\omega}}{r} dV \right)$$

となる. 積分と演算子 $\nabla\times$ の順序は交換できる. また, dV は一定として
よい. さらに, dV の範囲内では, $\boldsymbol{\omega}$ は一定とする.

‖解答‖

流れとベクトルポテンシャルの関係から,

$$\mathbf{v} = \nabla \times \mathbf{A} = \nabla \times \left(\frac{1}{4\pi} \int_V \frac{\boldsymbol{\omega}}{r} dV \right)$$

となる. これより,

$$\mathbf{v} = \frac{1}{4\pi} \int_V \left[\nabla \times \left(\frac{\boldsymbol{\omega}}{r} \right) \right] dV.$$

ここで,

$$\nabla \times \left(\frac{\boldsymbol{\omega}}{r} \right) = \frac{1}{r} \nabla \times \boldsymbol{\omega} + \nabla \left(\frac{1}{r} \right) \times \boldsymbol{\omega}$$

であるが, この右辺の第 1 項は, dV 内で $\boldsymbol{\omega}$ が一定であ
れば 0 とできる.

$\mathbf{r}$ を大きさが r の, r 方向のベクトルとすると,

ワンポイント解説

・積分と $\nabla\times$ の順
序を交換.

┌→ r 方向の単位ベク
トルを $\mathbf{e}_r$ とする
と

$$\mathbf{r} = r\mathbf{e}_r$$

$$\nabla \left(\frac{1}{r} \right) = -\frac{\mathbf{r}}{r^3}$$

であるので，

$$\mathbf{v} = \frac{1}{4\pi} \int_V -\frac{\mathbf{r}}{r^3} \times \boldsymbol{\omega} dV$$

$$= \frac{1}{4\pi} \int_V \frac{\boldsymbol{\omega} \times \mathbf{r}}{r^3} dV$$

となる．

$\cdot \nabla \left(\frac{1}{r} \right)$

$= \frac{\partial}{\partial r} \left(\frac{1}{r} \right) \mathbf{e}_r$

$= -\frac{1}{r^2} \mathbf{e}_r$

$= -\frac{1}{r^3} (r\mathbf{e}_r)$

$\cdot \mathbf{A} \times \mathbf{B} = -\mathbf{B} \times \mathbf{A}$

例題 28 渦対の運動

複素平面上の 2 点 $z_1 = x_1 + iy_1$, $z_2 = x_2 + iy_2$ に渦糸がある. z_1 にある渦糸の強さを Γ_1, z_2 にある渦糸の強さを $-\Gamma_1$ とする. このとき, この 2 つの渦糸は平行に動くことを示せ.

考え方

複素速度ポテンシャルは,

$$f(z) = -\frac{i\Gamma_1}{2\pi} \log(z - z_1) + \frac{i\Gamma_1}{2\pi} \log(z - z_2)$$

となる. 流れは,

$$\frac{df(z)}{dz} = u - iv$$

を利用して求めることができる. ただし, 渦糸は, 自分自身の流れの影響は受けないことに注意する.

解答

$z = z_1$ での流れを $\mathbf{v}_1 = (u_1, v_1)$ とすると,

$$u_1 - iv_1 = \frac{i\Gamma_1}{2\pi} \frac{1}{z_1 - z_2}$$

となる. 一方, $z = z_2$ での流れ $\mathbf{v}_2 = (u_2, v_2)$ は,

$$\begin{aligned}
u_2 - iv_2 &= -\frac{i\Gamma_1}{2\pi} \frac{1}{z_2 - z_1} \\
&= \frac{i\Gamma_1}{2\pi} \frac{1}{z_1 - z_2} \\
&= u_1 - iv_1
\end{aligned}$$

となる. $u_2 = u_1$, $v_2 = v_1$ となるので, 2 つの渦糸は平行に動く.

ワンポイント解説

→ 2 つの渦糸からなる系を渦対という.

例題 29　渦列

複素速度ポテンシャルが

$$w = \frac{\kappa}{2\pi i} \log \left[\sin \left(\frac{\pi z}{a} \right) \right]$$

となる完全流体の流れについて以下の問いに答えよ．a, κ は実数の定数であり，$a > 0$, $\kappa > 0$ とする．

(a) 次の公式を利用して，w が x 軸上に等間隔 a で並ぶ，強さが等しい渦糸の列に対応することを示せ．

$$\sin z = z \left(1 - \frac{z^2}{\pi^2} \right) \left(1 - \frac{z^2}{2^2 \pi^2} \right) \cdots \left(1 - \frac{z^2}{n^2 \pi^2} \right) \cdots = z \prod_{n=1}^{\infty} \left(1 - \frac{z^2}{n^2 \pi^2} \right)$$

(b) 原点 $(z = 0)$ にある渦糸の移動速度が 0 であることを示せ．

考え方

(a) $z = z_0$ にある強さ κ の渦糸の複素速度ポテンシャルは $-i\frac{\kappa}{2\pi} \log (z - z_0) = \frac{\kappa}{2\pi i} \log (z - z_0)$ である．対数関数の性質から，$z = z_0$ と $z = z_1$ に強さ κ の渦糸がある場合の複素速度ポテンシャルは

$$\frac{\kappa}{2\pi i} [\log (z - z_0) + \log (z - z_1)] = \frac{\kappa}{2\pi i} \log [(z - z_0)(z - z_1)]$$

となる．和が積に，あるいは，積が和に変わることを利用して解く．

(b) は，流れ $\mathbf{v} = (u, v)$ を $\frac{dw}{dz} = u - iv$ を使って求める．$\frac{dw}{dz}$ を計算すると $\cot \left(\frac{\pi z}{a} \right)$ という項が出てくる．これは次の公式を使う：

$$\cot z = \frac{\cos z}{\sin z} = \frac{1}{z} + 2z \sum_{n=1}^{\infty} \frac{1}{z^2 - n^2 \pi^2}.$$

原点の流れを求めるので，$z = 0$ にある渦糸の寄与を除く必要がある．

‖解答‖

(a) 公式を利用すると，w は

$$w = \frac{\kappa}{2\pi i} \log \sin\left(\frac{\pi z}{a}\right)$$
$$= \frac{\kappa}{2\pi i}\left[\log z + \log\left(-\frac{\pi}{a}\right) + \log \prod_{n=1}^{\infty}\left(\frac{z^2}{n^2 a^2} - 1\right)\right]$$
$$= \frac{\kappa}{2\pi i}\left[\log z + \log(z - a) + \log(z + a)\right.$$
$$\left. + \log(z - 2a) + \log(z + 2a) + \cdots\right] + (const.)$$

のように書き換えることができる．定数項 ($const.$) を無視してかまわないので，複素速度ポテンシャルは，

$$w = \sum_{n=-\infty}^{\infty} \frac{\kappa}{2\pi i} \log\left(z - na\right)$$

となる ($n = 0, \pm 1, \pm 2, \ldots$). これは x 軸上に等間隔 a で並ぶ，強さ κ の渦糸の列の複素速度ポテンシャルである．

(b) (a) で書き換えた w において，$\frac{\kappa}{2\pi i} \log z$ は原点にある渦糸による複素速度ポテンシャルである．$z = 0$ における流速 (u, v) は，w から原点にある渦糸の寄与を除いて考えなければならないので，

$$u - iv|_{z=0} = \frac{d}{dz}\left[\frac{\kappa}{2\pi i}\log\sin\left(\frac{\pi z}{a}\right) - \frac{\kappa}{2\pi i}\log z\right]\bigg|_{z=0}$$
$$= \frac{\kappa}{2\pi i}\left[\frac{\pi}{a}\cot\left(\frac{\pi z}{a}\right) - \frac{1}{z}\right]\bigg|_{z=0}$$

ここで，公式を用いると，

$$u - iv|_{z=0} = \frac{\kappa}{2\pi i}\left(\frac{2a}{\pi}z\sum_{n=1}^{\infty}\frac{1}{z^2 - n^2 a^2}\right)\bigg|_{z=0} = 0$$

となる．$u = v = 0$ であり，原点にある渦糸の移動速度は 0 である．

・a は実数だから $z = na$ は $(x, y) = (na, 0)$ であり，x 軸上の点を表す．

12 章の発展問題

12-1. 自由表面をもつ非圧縮完全流体の 2 次元的な定常流を考える．渦度ベクトルが

$$\boldsymbol{\omega} = \begin{cases} \Omega \mathbf{k} & r < a \\ 0 & r \geq a \end{cases}$$

であるときの，流速分布と自由表面の形状を求めよ．

12-2. 直交座標 O-xyz の z 軸に強さ Γ の渦糸がある場合の流れ $\mathbf{v}$ を求めよ．

12-3. 平面壁で限られた 2 次元の半無限の領域のある点に強さ Γ の渦糸が 1 本ある．この渦糸の速度を求め，その運動の様子を記せ．

12-4. 例題 29 で考えた，x 軸上に等間隔 a で並ぶ強さが等しい渦糸の列は，不動であることを示せ．

12-5. 複素平面上の 3 点 $z_1 = x_1 + iy_1, z_2 = x_2 + iy_2, z_3 = x_3 + iy_3$ に渦糸がある．z_1, z_2, z_3 にある渦糸の強さを，それぞれ $\Gamma_1, \Gamma_2, \Gamma_3$ とする．以下の問いに答えよ．

(a) 位置 z_m にある渦糸と z_n にある渦糸の相対距離を

$$r_{mn} = \sqrt{(x_m - x_n)^2 + (y_m - y_n)^2}$$

と書くことにする（$m, n = 1, 2, 3$）．位置 z_1 における流線関数 ψ_1 を，$\Gamma_2, \Gamma_3, r_{12}, r_{13}$ を用いて表せ．

(b) 位置 z_k における流線関数を ψ_k とする（$k = 1, 2, 3$）．この流線関数を使った，渦糸の位置 $x_1, y_1, x_2, y_2, x_3, y_3$ を変数とする関数

$$H = \frac{1}{2} \left(\Gamma_1 \psi_1 + \Gamma_2 \psi_2 + \Gamma_3 \psi_3 \right)$$

を考える．このとき，

$$\Gamma_1 \frac{dx_1}{dt} = \frac{\partial H}{\partial y_1}$$

が成立することを示せ．

(c) (b) で考えた関数 H について，

$$\frac{dH}{dt} = 0$$

が成立することを示せ.

13 非圧縮粘性流体の 簡単な流れ

────《 内容のまとめ 》────

この章では，5章で説明した非圧縮粘性流体のナビエ・ストークスの式：

$$\frac{\partial \mathbf{v}}{\partial t} + \mathbf{v} \cdot \nabla \mathbf{v} = -\frac{1}{\rho}\nabla p + \frac{\mu}{\rho}\nabla^2 \mathbf{v} + \mathbf{K}$$

$$= -\frac{1}{\rho}\nabla p + \nu\nabla^2 \mathbf{v} + \mathbf{K}$$

を解くことを考える．ナビエ・ストークスの式は非線形偏微分方程式であり，厳密解を求めることができるのは特別な場合に限られる．方程式から何らかの解を得る一般的な方法となると，それは計算機を利用した数値計算による解法しかない．しかし，数値計算手法について説明することは本書の範囲を超える．ナビエ・ストークスの式を出発点として，方程式を簡略化する．あるいは，初期条件や境界条件などを単純化する．そうして，実際の現象をうまく説明できるような解を導出するいくつかの事例を，本章では紹介する．

　方程式の簡略化の手始めとして，粘性率 μ は定数とする．密度 ρ が一定（非圧縮）なので，動粘性率 ν も定数である．未知変数は速度3成分 (u,v,w) と圧力 p の4つである．変数の数と方程式の数（連続の式も加えて4式）が一致するので，解を得るために必要な条件は満たされている．境界条件は，流体と境界の相対的な速度差が0となるという粘着条件である．

　外力は基本的に無視する．外力が保存力であるとすると，

$$\mathbf{K} = -\nabla\left(\frac{\Omega}{\rho}\right)$$

のようなポテンシャル Ω を導入できる．外力の項は，$p' = p + \Omega$ とすれば，

$$-\frac{1}{\rho}\nabla p + \mathbf{K} = -\frac{1}{\rho}\nabla(p + \Omega) = -\frac{1}{\rho}\nabla p'$$

のように圧力傾度力とひとまとめにできる．つまり，式の上では

$$\mathbf{K} = \mathbf{0}$$

として一般性を失わない．

────────《 **一方向の流れ** 》────────

　厳密解が得られる場合として一方向の流れがある．これは流線が直線となるような流れで，例えば，速度が x 方向のみ，すなわち $\mathbf{v} = (u, 0, 0)$ の場合である．このとき，連続方程式は

$$\frac{\partial u}{\partial x} = 0 \tag{13.1}$$

となる．これにより，u は (y, z, t) の関数 $u = u(y, z, t)$ となる．さらに，運動方程式の移流項が消えて，方程式が線形化される．流線が同心円となる円形流も，一方向流と同様に，方程式が線形化できて厳密解を得ることができる．

────────《 **レイノルズ数と遅い流れ** 》────────

　運動方程式は，「移流項」や「圧力傾度力項」，「粘性項」のようにいくつかの項に分かれている．各項のおおまかな大きさ（オーダー）を比較して，考えたい流れにとってどの項が重要で，どの項は無視してよいのかを判別することで，運動方程式を簡略化することができる．項の大きさを比較するとき，比較したい項（それらは同じ次元をもっている）どうしの比である無次元数を目安にすることがある．そうした無次元数の代表例が，レイノルズ数である．

　レイノルズ数 Re は，流れを特徴づける代表的な長さ L と代表的な速度 U を用いて

$$\mathrm{Re} = \frac{LU}{\nu} = \frac{\rho LU}{\mu}$$

のように定義される．ν は動粘性率，μ は粘性率，ρ は密度である．実際の現象に対してレイノルズ数を求める場合には，代表的な長さ (L) や速度 (U) は，実験的，あるいは経験的に定める．

レイノルズ数の意味について考えてみよう．レイノルズ数は，

$$\text{Re} = \frac{U\dfrac{U}{L}}{\nu\dfrac{U}{L^2}}$$

のように書き換えることができる．分子にある U/L は，速度の空間微分に対応する．それに U が掛かっているので，全体としては，移流項 $\mathbf{v}\cdot\nabla\mathbf{v}$ の大きさに対応すると考えることができる．一方，分母のほうは動粘性係数 ν が掛かっていることからわかるように，こちらは，粘性項 $\nu\nabla^2\mathbf{v}$ の大きさに対応する．つまり，レイノルズ数は，移流項（慣性項）と粘性項の大きさの比になっている．したがって，レイノルズ数が 1 に近い数値となるときは，移流項（慣性項）と粘性項が同じ程度に重要であるという意味になる．

粘性項が（移流項よりも）重要になるのは，レイノルズ数が 1 よりも十分に小さいときである．この粘性の影響が場全体に及ぶような流れを遅い流れという．このとき，慣性項を無視する近似を考えることができる．

遅い流れを考えることで，粘性項に比べて移流項が小さいとして移流項を無視する近似を，ストークスの近似という．このとき，運動方程式は，

$$\frac{\partial \mathbf{v}}{\partial t} = -\frac{1}{\rho}\nabla p + \nu\nabla^2\mathbf{v} \tag{13.2}$$

となる．

遅い流れには，オセーンの近似として知られるものもある．オセーンの近似では，移流項を定数 U を用いて，

$$\mathbf{v}\cdot\nabla\mathbf{v} \fallingdotseq U\frac{\partial \mathbf{v}}{\partial x} \tag{13.3}$$

のように置き換える．この近似の意味は，物体が流れにどう影響するかという問題において，物体から十分に離れた所の流れは x 方向の一様流 U であるとする．そして，移流項に関しては，物体があることによる流れの変化は U に比べて十分小さい（遅い）と考えている．

例題 30　一方向の流れ

流体は非圧縮粘性流体とする．直交座標で，流速が $\mathbf{v} = (u, 0, 0)$ で，外力が $\mathbf{K} = (0, 0, 0)$ のとき，次の問いに答えよ．

(a) ナビエ・ストークス方程式を成分で書き表せ．

(b) 圧力 p が $\nabla^2 p = 0$ を満たすことを示せ．

考え方

非圧縮であり一方向の流れであるので，連続の式が

$$\frac{\partial u}{\partial x} = 0$$

となることに，(a), (b) ともに注意する．(b) は，(a) で求めた x 方向の式を x で偏微分し，y 方向の式を y で偏微分して考えてみよう．

(b) は，圧力 p が調和関数となることを意味している．この関係は，外力が保存力である場合に，一方向の流れだけでなく次に説明するストークスの近似のときも成立する．

‖解答‖

(a) x, y, z 方向の運動方程式は，

$$\frac{\partial u}{\partial t} = -\frac{1}{\rho}\frac{\partial p}{\partial x} + \nu\left(\frac{\partial^2 u}{\partial y^2} + \frac{\partial^2 u}{\partial z^2}\right),$$
$$0 = -\frac{1}{\rho}\frac{\partial p}{\partial y},$$
$$0 = -\frac{1}{\rho}\frac{\partial p}{\partial z}$$

となる．

(b) (a) の解答の x 方向の運動方程式の両辺に $\dfrac{\partial}{\partial x}$ を作用させる．左辺は，

$$\frac{\partial}{\partial x}\left(\frac{\partial u}{\partial t}\right) = \frac{\partial}{\partial t}\left(\frac{\partial u}{\partial x}\right) = 0$$

となる．右辺は，

ワンポイント解説

・$\dfrac{\partial u}{\partial x} = 0$ だから

$$u\frac{\partial u}{\partial x} = 0,$$
$$\frac{\partial^2 u}{\partial x^2} = 0$$

$$-\frac{1}{\rho}\frac{\partial^2 p}{\partial x^2} + \nu\left(\frac{\partial^2}{\partial y^2} + \frac{\partial^2}{\partial z^2}\right)\left(\frac{\partial u}{\partial x}\right) = -\frac{1}{\rho}\frac{\partial^2 p}{\partial x^2}$$

となる．これに，y 方向の運動方程式に $\dfrac{\partial}{\partial y}$ を作用させた結果と，z 方向の運動方程式に $\dfrac{\partial}{\partial z}$ を作用させた結果を足し合わせると，

$$\nabla^2 p = \frac{\partial^2 p}{\partial x^2} + \frac{\partial^2 p}{\partial y^2} + \frac{\partial^2 p}{\partial z^2} = 0$$

となる．

あるいは，移流項のない運動方程式に対して，発散 $(\nabla\cdot)$ を作用させると，

$$\nabla\cdot\left(\frac{\partial \mathbf{v}}{\partial t}\right) = \nabla\cdot\left(-\frac{1}{\rho}\nabla p + \nu\nabla^2\mathbf{v}\right).$$

これは，

$$\frac{\partial}{\partial t}\left(\nabla\cdot\mathbf{v}\right) = -\frac{1}{\rho}\nabla^2 p + \nu\nabla^2(\nabla\cdot\mathbf{v})$$

$\cdot\dfrac{\partial}{\partial t}$ と ∇ を変換.

とできる．

ここで，$\nabla\cdot\mathbf{v} = 0$ に注意すれば

$$\nabla^2 p = 0$$

が得られる．

例題 31　ハーゲン・ポアズイユ流

　無限の長さをもつ円管内を非圧縮粘性流体が（一方向に）定常に流れている．円管の半径を a とする．簡単のため重力の影響は無視し，流れの方向の圧力勾配は一定とする．以下の問いに答えよ．

(a) 流速分布を求めよ．

(b) 流れに直交する断面を単位時間に通過する流量（単位は $\mathrm{m}^3 \cdot \mathrm{s}^{-1}$）を求めよ．

考え方

　この問題で取り上げた流れをハーゲン・ポアズイユ流という．流れの方向を x，その流速を u とする．一方向流の問題であるが円管内の流れであるので，流れに直交する断面上で円筒の中心を原点とする極座標を用いる（図 13.1）．

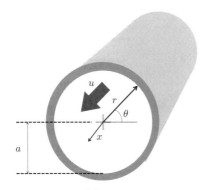

図 13.1

　このとき，解くべき式を極座標で書くと，

$$\frac{1}{r}\frac{d}{dr}\left(r\frac{du}{dr}\right) = -\frac{\alpha}{\nu}$$

となる．ν は動粘性率であり，$\alpha = -\dfrac{1}{\rho}\dfrac{\partial p}{\partial x}$ である．

‖解答‖

ワンポイント解説

(a) 流れの方向を x, その流速を u とし, 解くべき式を極座標で書くと,

$$\frac{1}{r}\frac{d}{dr}\left(r\frac{du}{dr}\right) = -\frac{\alpha}{\nu}$$

となる. これを満たす解は,

$$u = -\frac{\alpha}{4\nu}r^2 + C_0 \log r + C_1.$$

流れの中に特異点がないようにするために, $C_0 = 0$. また, 境界条件は $r = a$ で $u = 0$ より,

$$C_1 = \frac{\alpha}{4\nu}a^2.$$

したがって,

$$u = \frac{\alpha}{4\nu}(a^2 - r^2)$$

となる.

・ハーゲン・ポアズイユ流の流速分布は, 流れに沿った方向の断面で, 放物線状である.

(b) 流量は,

$$\begin{aligned}
Q &= \int_S \mathbf{v} \cdot d\mathbf{s} = \int_0^a 2\pi u \, r dr \\
&= \frac{\pi\alpha}{2\nu}\int_0^a (a^2 r - r^3)dr \\
&= \frac{\pi\alpha}{8\nu}a^4
\end{aligned}$$

となる.

・流量は円管の半径 a の 4 乗に比例する. 円管の半径を 2 倍にすると流量は 16 倍になる.

例題 32　流れとレイノルズ数

　半径が $a = 0.01\,\mathrm{m}$ の円管内の水の流れを考える．円管の断面を単位時間に通過する流量 Q を断面積 πa^2 で割ったものを平均流速 $\bar{u} = \dfrac{Q}{\pi a^2}$ として，レイノルズ数 Re を $\mathrm{Re} = \dfrac{a\bar{u}}{\nu}$ で定義する．$\mathrm{Re} = 1$ のときの $\bar{u}$ を求めよ．水の動粘性率は $\nu = 10^{-6}\,\mathrm{m^2 \cdot s^{-1}}$ とする．

考え方

　レイノルズ数の定義が与えられているので，それに従って $\bar{u}$ を求める．水の場合，遅い流れ（$\mathrm{Re} \ll 1$）と見なせる流れの流速は，かなり小さい．

‖解答‖

レイノルズ数の定義から

$$\begin{aligned}
\bar{u} &= \frac{\nu}{a}\mathrm{Re} \\
&= \frac{10^{-6}}{10^{-2}} \times 1 \\
&= 10^{-4}\,\mathrm{m \cdot s^{-1}}
\end{aligned}$$

ワンポイント解説

・流量を用いるのは，流速を観測するのが難しいからである．

例題 33　遅い流れ

ストークスの近似を用いた遅い流れの方程式の解（流れ $\mathbf{v}$，圧力 p）を考える．流れは定常とする．非圧縮粘性流体の密度を ρ，粘性率を μ，動粘性率を $\nu = \dfrac{\mu}{\rho}$ とする．$\mathbf{i}$ を x 軸方向の単位ベクトルとする．

(a) ϕ を調和関数 $(\nabla^2 \phi = 0)$ とし，

$$\mathbf{v}_a = \frac{1}{2\mu} \nabla (x\phi) - \frac{1}{\mu} \phi \mathbf{i}, \quad p_a = \frac{\partial \phi}{\partial x}$$

とする．ψ を渦なし流れの速度ポテンシャルとし，$\mathbf{v}_i = \nabla \psi$ とする．このとき，

$$\mathbf{v} = U\mathbf{i} + A\mathbf{v}_a + \mathbf{v}_i, \quad p = p_0 + A p_a$$

が遅い流れの方程式の解となることを示せ．A と U，p_0 は定数とする．

(b) (a) で考えた解は，$\phi = \dfrac{1}{r}$，$\psi = \dfrac{\partial}{\partial x}\left(\dfrac{B}{r}\right)$（$B$ は定数）としたとき，大きさが U で，x 軸の正の向きに流れる一様流中の原点に半径 a の球がある場合の流れを表す．ここで，$r = \sqrt{x^2 + y^2 + z^2}$ である．球の表面で $\mathbf{v} = \mathbf{0}$ となる粘着条件から，A と B を μ, a, U を用いて表せ．

考え方

定常な，遅い流れの方程式は

$$\nabla^2 \mathbf{v} = \frac{1}{\mu} \nabla p$$

となる．(a) では，与えられた $\mathbf{v}$ と p がこの方程式を満足することを示せばよい．(b) については，$r^2 = x^2 + y^2 + z^2$ の両辺を x で偏微分するなどして，

$$\frac{\partial r}{\partial x} = \frac{x}{r}.$$

また，

$$\frac{\partial}{\partial x}\left(\frac{1}{r}\right) = -\frac{1}{r^2}\frac{\partial r}{\partial x} = -\frac{x}{r^3}.$$

さらには,

$$\frac{\partial}{\partial x}\left(\frac{x}{r}\right) = \frac{1}{r} + x\frac{\partial}{\partial x}\left(\frac{1}{r}\right) = \frac{1}{r} - \frac{x}{r^2}\frac{\partial r}{\partial x} = \frac{1}{r} - \frac{x^2}{r^3},$$

$$\frac{\partial^2}{\partial x^2}\left(\frac{1}{r}\right) = \frac{\partial}{\partial x}\left(-\frac{x}{r^3}\right) = -\frac{1}{r^3} - x\frac{\partial}{\partial x}\left(\frac{1}{r^3}\right) = -\frac{1}{r^3} + \frac{3x}{r^4}\frac{\partial r}{\partial x}$$

$$= -\frac{1}{r^3} + \frac{3x^2}{r^5}$$

等の計算をすることにより,

$$\mathbf{v}_a = \left(-\frac{1}{2\mu}\frac{1}{r} - \frac{1}{2\mu}\frac{x^2}{r^3}, \ -\frac{1}{2\mu}\frac{xy}{r^3}, \ -\frac{1}{2\mu}\frac{xz}{r^3}\right),$$

$$\mathbf{v}_i = \left(-\frac{B}{r^3} + \frac{3Bx^2}{r^5}, \ \frac{3Bxy}{r^5}, \ \frac{3Bxz}{r^5}\right)$$

と求めることができる.

　(b) では $\phi = \dfrac{1}{r}$ という調和関数を考えているが,これは,粘性の影響する領域が原点付近に集中し,原点から離れるにつれ粘性が影響しなくなる($r \to \infty$ で $\mathbf{v}_a \to \mathbf{0}$)流れを表す.渦なし流れの速度ポテンシャル ψ は 2 重湧き出しである.一様流と 2 重湧き出しの組合せは,完全流体のときの球を過ぎる流れであるので,$r = a$ で閉じた流線となるような流れを考えることができる.なお,(b) で求めた流れは発展問題 13-4 で使用している.

‖解答‖

ワンポイント解説

(a) 与えられた $\mathbf{v}$ に対して $\nabla^2\mathbf{v}$ を計算する.$\nabla^2 U = 0$ であり,また,非圧縮であるので,速度ポテンシャル ψ も調和関数 ($\nabla \cdot (\nabla\psi) = \nabla^2\psi = 0$)である.よって,

$$\nabla^2\mathbf{v} = A\nabla^2\mathbf{v}_a$$

となる.この右辺は

$$\nabla^2 \mathbf{v}_a = \nabla^2 \left(\frac{1}{2\mu} \nabla (x\phi) - \frac{1}{\mu} \phi \mathbf{i} \right)$$

$$= \frac{1}{2\mu} \nabla \left[\nabla^2 (x\phi) \right].$$

・$\nabla^2 \phi = 0$.

・演算子の順序を入
　れ替える.

ここで，$\nabla^2 (x\phi)$ は

$$\frac{\partial (x\phi)}{\partial x} = \phi + x \frac{\partial \phi}{\partial x},$$

$$\frac{\partial (x\phi)}{\partial y} = x \frac{\partial \phi}{\partial y}, \quad \frac{\partial (x\phi)}{\partial z} = x \frac{\partial \phi}{\partial z}$$

であるから，

$$\frac{\partial^2 (x\phi)}{\partial x^2} = 2 \frac{\partial \phi}{\partial x} + x \frac{\partial^2 \phi}{\partial x^2},$$

$$\frac{\partial^2 (x\phi)}{\partial y^2} = x \frac{\partial^2 \phi}{\partial y^2}, \quad \frac{\partial^2 (x\phi)}{\partial z^2} = x \frac{\partial^2 \phi}{\partial z^2}$$

より，

$$\nabla^2 (x\phi) = 2 \frac{\partial \phi}{\partial x} + x \nabla^2 \phi = 2 \frac{\partial \phi}{\partial x}.$$

よって，$\nabla p_0 = \mathbf{0}$ に注意すれば，

$$\nabla^2 \mathbf{v}_a = \frac{1}{\mu} \nabla \left(\frac{\partial \phi}{\partial x} \right) = \frac{1}{\mu} \nabla (p_a + p_0)$$

とできるので，与えられた $\mathbf{v}$ と p について

$$\nabla^2 \mathbf{v} = \frac{1}{\mu} \nabla p$$

となる.

(b) 球面上 $r = a$ での x 方向の流れ u は，

$$u = U - \frac{A}{2\mu} \left(\frac{1}{a} + \frac{x^2}{a^3} \right) + B \left(-\frac{1}{a^3} + \frac{3x^2}{a^5} \right)$$

$$= \left[U - \frac{A}{2\mu} \left(\frac{1}{a} \right) - \frac{B}{a^3} \right] + x^2 \left[-\frac{A}{2\mu} \left(\frac{1}{a^3} \right) + \frac{3B}{a^5} \right]$$

である. これが恒等的に $u = 0$ となるためには，

・$v = 0, w = 0$
　からは

$$A = \frac{6\mu}{a^2} B$$

が導かれる.

$$U - \frac{A}{2\mu}\left(\frac{1}{a}\right) - \frac{B}{a^3} = 0,$$

$$-\frac{A}{2\mu}\left(\frac{1}{a^3}\right) + \frac{3B}{a^5} = 0$$

となればよい. これから,

$$A = \frac{3}{2}\mu a U, \quad B = \frac{1}{4}a^3 U$$

となる.

13章の発展問題

13-1. 無限に広い2枚の平板が平行に置かれている．一方の平板は静止し，他方は一定速度 U で動いている．平板間にある非圧縮粘性流体の流速分布を求めよ．流体は，平板の移動方向に定常に流れているとする．また，流れの方向の圧力勾配は0とする．重力など外力の影響は無視してよい．

13-2. 同心2重円筒形の容器を，その中心軸が鉛直方向と平行となるように設置する．内側の円筒の半径を a_1，外側の円筒の半径を a_2 とする（$a_2 > a_1$）．2つの円筒の間には，密度が ρ，粘性率が μ の非圧縮粘性流体がある．流体の運動は2次元的であり，同心円筒の中心軸を z 軸（鉛直上向きが z 軸の正の向き）とする直交座標 (x, y) と円筒座標（動径 r，偏角 θ）を用いて運動を記述する．

内側の円筒を動かないように固定し，外側の円筒のみを一定の角速度 Ω で回転させる．円筒間の流体の流れが定常で $\mathbf{v} = u_\theta \mathbf{e}_\theta$ であり，かつ，u_θ が r のみの関数となった状態のとき，以下の問いに答えよ．重力など外力の影響は無視する．

(a) 次の関係が成り立つことを示せ．

$$\nabla^2 \mathbf{v} = \left(\frac{d^2 u_\theta}{dr^2} + \frac{1}{r} \frac{du_\theta}{dr} - \frac{u_\theta}{r^2} \right) \mathbf{e}_\theta$$

(b) r 方向，θ 方向の運動方程式を書け．圧力は p とする．

(c) C_1, C_2 を実数の定数とするとき，次の u_θ が (b) で求めた運動方程式の解となることを示せ．また，係数 C_1, C_2 を $a_1, a_2, \Omega, \mu, \rho$ のうち必要なものを用いて表せ．

$$u_\theta = C_1 r + \frac{C_2}{r}$$

(d) (c) で求めた速度のときの，内側の円筒に及ぼす単位面積あたりの粘性応力の大きさを求めよ．

13-3. 振動する平面壁上の非圧縮粘性流体の流れを考える．平面壁に平行な方向を x，垂直な方向を y，平面壁の位置を $y = 0$ とし，流体は $y \geq 0$ の半無限空間を占めている．平面壁は，x 方向に $U_0 \cos(\omega t)$ で振動し

ており（ω, U_0 は定数），それにより一方向流 $\mathbf{v} = (u,0,0)$ が生じていて，u は，空間座標については y のみの関数であるとする．さらに，外力が無視でき圧力が一様で，無限遠方で流体は静止しているとすると（$y \to \infty$ で $u \to 0$），ナビエ・ストークスの方程式は，

$$\frac{\partial u}{\partial t} - \nu \frac{\partial^2 u}{\partial y^2} = 0$$

となる．ν は動粘性率である．以下の問いに答えよ．

(a) 流速分布を求めよ．

(b) (a) の答えを使って，$|u|/U_0 = 0.01$ となる y の値 δ が，

$$\delta \approx 4.6 \sqrt{\frac{2\nu}{\omega}}$$

となることを示せ．

13-4. 非圧縮粘性流体の一様流中に，半径 a の球が置かれている．一様流の大きさを U，方向を x の正の方向とし，また，球の中心を原点として，ストークス近似のもとで x,y,z 方向の流速 $\mathbf{v} = (u,v,w)$ と圧力 p を求めると，

$$u = U - \frac{aU}{4r}\left(3 + \frac{a^2}{r^2}\right) - \frac{3aU}{4}\frac{x^2}{r^3}\left(1 - \frac{a^2}{r^2}\right),$$

$$v = -\frac{3aU}{4}\frac{xy}{r^3}\left(1 - \frac{a^2}{r^2}\right),$$

$$w = -\frac{3aU}{4}\frac{xz}{r^3}\left(1 - \frac{a^2}{r^2}\right),$$

$$p = p_f - \frac{3\mu aU}{2}\frac{x}{r^3}$$

となる．ここで，$r = \sqrt{x^2 + y^2 + z^2}$ である．μ は粘性率，p_f は球から十分に離れた位置での圧力である．このことを利用して，以下の問いに答えよ．

(a) 球面上での応力の x 成分 p_{ax} が，

$$p_{ax} = \frac{x}{r}\sigma_{xx} + \frac{y}{r}\sigma_{yx} + \frac{z}{r}\sigma_{zx}\Big|_{r=a} = \frac{1}{a}\left(-p_f x + \frac{3}{2}\mu U\right)$$

となることを示せ．

(b) (a) を利用して，p_{ax} の球面 (S) 上での積分

$$D = \int_S p_{ax} dS$$

が，$D = 6\pi\mu a U$ となることを示せ.

発展問題の略解

1 章の発展問題

1-1. 空気塊が 1 時間で 10 km 上昇したと考えると，風速は 10 km/1 時間 ～ $3 \, \text{m} \cdot \text{s}^{-1}$.

1-2. 1 時間で風速が $0 \, \text{m} \cdot \text{s}^{-1}$ から $3 \, \text{m} \cdot \text{s}^{-1}$ に変化したとすると，

$$\frac{3-0}{60 \times 60} \sim 10^{-3} \, \text{m} \cdot \text{s}^{-2}.$$

重力加速度は $9.8 \, \text{m} \cdot \text{s}^{-2}$ なので，求めた加速度は重力加速度のおよそ 10^{-4} 倍.

1-3. 流体粒子の運動方程式と速度 $\mathbf{v}$ との内積を考えると

$$\mathbf{v} \cdot \frac{dM\mathbf{v}}{dt} = \frac{d}{dt}\left(\frac{1}{2}M\,|\mathbf{v}|^2\right) = \frac{dK_E}{dt} = \mathbf{v} \cdot \mathbf{F}.$$

2 章の発展問題

2-1. 温度の観測結果のグラフの例を図 1 に示す.

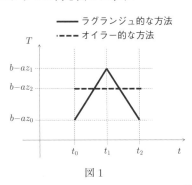

図 1

2-2. (a) オイラー微分では，x, y, z, t が独立変数なので，$\dfrac{\partial x}{\partial t} = 0 \neq u$.

(b) オイラー的微分とラグランジュ的微分は交換できない.

2-3. $\mathbf{v}$ の 3 成分 (u, v, w) を代入し左辺と右辺が一致することを示す．例えば x 成分は

$$\frac{\partial}{\partial x}\left(\frac{|\mathbf{v}|^2}{2}\right) = \frac{1}{2}\frac{\partial}{\partial x}(u^2 + v^2 + w^2) = u\frac{\partial u}{\partial x} + v\frac{\partial v}{\partial x} + w\frac{\partial w}{\partial x}$$

$$= u\frac{\partial u}{\partial x} + v\frac{\partial u}{\partial y} + w\frac{\partial u}{\partial z} + v\left(\frac{\partial v}{\partial x} - \frac{\partial u}{\partial y}\right) + w\left(\frac{\partial w}{\partial x} - \frac{\partial u}{\partial z}\right).$$

$v\left(\dfrac{\partial v}{\partial x} - \dfrac{\partial u}{\partial y}\right) + w\left(\dfrac{\partial w}{\partial x} - \dfrac{\partial u}{\partial z}\right)$ は $\mathbf{v} \times (\nabla \times \mathbf{v})$ の x 成分である．

2-4. $\mathbf{v} \cdot \nabla \mathbf{v}$ は，

$$\mathbf{v} \cdot \nabla\mathbf{v} = \mathbf{v} \cdot \nabla(u_r\,\mathbf{e}_r + u_\theta\,\mathbf{e}_\theta)$$

$$= (\mathbf{v} \cdot \nabla u_r)\mathbf{e}_r + u_r(\mathbf{v} \cdot \nabla\mathbf{e}_r) + (\mathbf{v} \cdot \nabla u_\theta)\mathbf{e}_\theta + u_\theta(\mathbf{v} \cdot \nabla\mathbf{e}_\theta)$$

$$= (\mathbf{v} \cdot \nabla u_r)\mathbf{e}_r + u_r\left(\frac{u_\theta}{r}\mathbf{e}_\theta\right) + (\mathbf{v} \cdot \nabla u_\theta)\mathbf{e}_\theta + u_\theta\left(-\frac{u_\theta}{r}\mathbf{e}_r\right)$$

$$= \left(\mathbf{v} \cdot \nabla u_r - \frac{u_\theta^2}{r}\right)\mathbf{e}_r + \left(\mathbf{v} \cdot \nabla u_\theta + \frac{u_r u_\theta}{r}\right)\mathbf{e}_\theta.$$

3 章の発展問題

3-1. $\nabla \cdot (\rho\mathbf{v}) = \mathbf{v} \cdot \nabla\rho + \rho\nabla \cdot \mathbf{v}$ となることと，$\dfrac{\partial\rho}{\partial t} + \mathbf{v} \cdot \nabla\rho = \dfrac{d\rho}{dt}$ に注意すれば，式が書き換えられる．

3-2. 棒の一端 A の位置を x とすると，もう一端 B は $x + \delta x$ となる．A の速度を $u(x)$，B の速度を $u(x + \delta x)$ とすると，この AB 間の速度差で棒は伸縮するので，δt 時間後の棒の長さ $\delta x'$ は

$$\delta x' = \delta x + [u(x + \delta x) - u(x)]\delta t \simeq \delta x + \frac{\partial u}{\partial x}\delta x\delta t$$

となる．これより，$\dfrac{1}{\delta x}\dfrac{\delta x' - \delta x}{\delta t} = \dfrac{\partial u}{\partial x}$．

3-3. 水路の途中に幅 δx の領域をとり，その領域に流入・流出する流体の収支を考える．流体の密度を ρ（一定）とすると，$x = x_0$ と $x = x_0 + \delta x$ で挟まれた領域における流体の輸送の収支は，

$$-\rho(h + \eta)u|_{x=x_0} + \rho(h + \eta)|_{x=x_0+\delta x} \simeq \frac{\partial}{\partial x}\rho(h + \eta)u\delta x$$

となる．これが，δx の領域の質量の時間変化，

$$\frac{\partial}{\partial t} \int_{x_0}^{x_0+\delta x} \rho(h+\eta)dx \simeq \frac{\partial}{\partial t}(\rho\eta\delta x)$$

と等しいので（符号は逆），

$$\frac{\partial \eta}{\partial t} = -\frac{\partial}{\partial x}(h+\eta)u.$$

ここで $h \gg \eta$ を使えば，求めたい関係式が得られる.

4 章の発展問題

4-1. 静止流体なので，運動方程式は $\mathbf{0} = -\frac{1}{\rho}\nabla p + \mathbf{K}$. 物体に作用している力 $\mathbf{F}$ は，圧力 p の物体の面 S における面積分：$\mathbf{F} = -\int_S p\, d\mathbf{S}$ で求めることができる. 発散定理と $\nabla p = \rho\mathbf{K}$ より，

$$\mathbf{F} = -\int_V \nabla p\, dV = -\int_V \rho\mathbf{K}dV = -\left(\int_V \rho dV\right)g\mathbf{k}.$$

$\mathbf{k}$ は鉛直上向きを正とする単位ベクトルである. この式は，物体が，それが押しのけた流体の重さに等しい重力とは反対向きの力を受けることに対応する.

4-2. 問題文で与えられた条件をオイラーの式に代入すると，

$$-\Omega^2 x = -\frac{1}{\rho}\frac{\partial p}{\partial x}, \quad -\Omega^2 y = -\frac{1}{\rho}\frac{\partial p}{\partial y}, \quad 0 = -\frac{1}{\rho}\frac{\partial p}{\partial z} - g$$

これを解くと，C を定数として，$p = -\rho g z + \frac{\rho}{2}\Omega^2(x^2+y^2) + C$ となる.

4-3. 圧力 p, 体積 V, 温度 T の n モルの理想気体の状態方程式は $pV = nRT$ となる. R は気体定数である. 気体の質量を m, 分子量を M とすると，$n = \frac{m}{M}$ であるので，$pV = \frac{m}{M}RT$ と書けるが，密度 $\rho = \frac{m}{V}$ を使い，また $\frac{R}{M}$ を改めて R と書くことにすれば，状態方程式は $p = \rho RT$ というように書くことができる.

　次に，ある系の，熱力学的な平衡状態の間での変化を考える. 単位質量あたりの熱量を Q, 内部エネルギーを U とすると，熱力学の第一法則は

$$\delta Q = dU + pdV = dU + pd\left(\frac{1}{\rho}\right)$$

となる. 上の式では，状態量でないものの変化を δ, 状態量の変化を d で表す. この式は，さらに，理想気体の状態方程式から導くことのできる,

$$pd\left(\frac{1}{\rho}\right) + \frac{1}{\rho}dp = pd\left(\frac{1}{\rho}\right) + \frac{RT}{p}dp = RdT$$

という関係を用いて $\delta Q = dU + RdT - \dfrac{RT}{p}dp$ と書ける.

熱力学の第二法則から,Q はエントロピー S と温度 T を用いて,$dS = \dfrac{\delta Q}{T}$ と書ける.また,理想気体の場合は,定積比熱を C_V として,$dU = C_V dT$ であるので,熱力学の第一法則は

$$TdS = (C_V + R)dT - \frac{RT}{p}dp.$$

また,定圧比熱 $C_P = C_V + R$ を用いて,

$$dS = C_P\frac{dT}{T} - (C_P - C_V)\frac{dp}{p}.$$

C_P, C_V が一定のとき,両辺を積分する.定数項を S_0 とまとめて,

$$S = C_P \log T - (C_P - C_V)\log p + S_0 = C_V(\log p - \log \rho^\gamma) + S_0$$

より,$p = \rho^\gamma \exp\left(\dfrac{S - S_0}{C_V}\right)$ を導くことができる.

4-4. 時刻 $t = t_0$ で境界上 (x_0, y_0, z_0) にある流体粒子が,$t = t_1$ でも境界上 (x_1, y_1, z_1) にあるとすると,$F(x_0, y_0, z_0, t_0) = 0$,$F(x_1, y_1, z_1, t_1) = 0$ である.$t_1 = t_0 + \delta t$ とし,x, y, z 方向の流速を u, v, w と書くと,

$$x_1 = x_0 + u\delta t, \ \ y_1 = y_0 + v\delta t, \ \ z_1 = z_0 + w\delta t$$

であるので,

$$F(x_1, y_1, z_1, t_1) = F(x_0 + u\delta t, y_0 + v\delta t, z_0 + u\delta t, t_0 + \delta t).$$

ここで,テーラー展開を利用して,

$$F(x_1, y_1, z_1, t_1) \simeq F(x_0, y_0, z_0, t_0) + \frac{\partial F}{\partial x}u\delta t + \frac{\partial F}{\partial y}v\delta t + \frac{\partial F}{\partial z}w\delta t + \frac{\partial F}{\partial t}\delta t$$

とすれば,これから

$$u\frac{\partial F}{\partial x} + v\frac{\partial F}{\partial y} + w\frac{\partial F}{\partial z} + \frac{\partial F}{\partial t} = \frac{dF}{dt} = 0.$$

4-5. 検査域における運動量の生成・消滅に関係するのは,完全流体の場合は圧力 p と外力 $\mathbf{K}$ であるので,x 方向の単位ベクトルを $\mathbf{i}$ として,

$$Q = \mathbf{i} \cdot \left(\int_S -pd\mathbf{S} + \int_V \rho \mathbf{K} dV \right) = \mathbf{i} \cdot \int_V \left(-\nabla p + \rho \mathbf{K} \right) dV$$
$$= \int_V \left(-\frac{\partial p}{\partial x} + \rho K_x \right) dV.$$

K_x を外力 $\mathbf{K}$ の x 成分とする．この Q を用いると，x 方向のオイラーの運動方程式が得られることを以下に示す．問題文にある式の左辺は，

$$\frac{\partial}{\partial t} \int_V (\rho u)\, dV = \int_V \left(\rho \frac{\partial u}{\partial t} + u \frac{\partial \rho}{\partial t} \right) dV.$$

右辺の第 1 項は，発散定理を用いて

$$\int_S E\mathbf{v} \cdot d\mathbf{S} = \int_V \nabla \cdot (\rho u \mathbf{v}) dV$$

となるが，$\nabla \cdot (\rho u \mathbf{v}) = u\nabla \cdot (\rho \mathbf{v}) + \rho \mathbf{v} \cdot \nabla u$ と連続の式を用いると，

$$\int_V \rho \left(\frac{\partial u}{\partial t} + \mathbf{v} \cdot \nabla u \right) dV = Q = \int_V \left(-\frac{\partial p}{\partial x} + \rho K_x \right) dV.$$

これで $\dfrac{\partial u}{\partial t} + \mathbf{v} \cdot \nabla u = -\dfrac{1}{\rho}\dfrac{\partial p}{\partial x} + K_x$ を導くことができる．

5 章の発展問題

5-1. 一般的な運動方程式の x 成分は，

$$\frac{\partial u}{\partial t} + \mathbf{v} \cdot \nabla u = K_x + \frac{1}{\rho} \left[\frac{\partial \sigma_{xx}}{\partial x} + \frac{\partial \sigma_{yx}}{\partial y} + \frac{\partial \sigma_{zx}}{\partial z} \right]$$

であり，これに

$$\sigma_{xx} = -p + \lambda \nabla \cdot \mathbf{v} + 2\mu \frac{\partial u}{\partial x}, \ \sigma_{yx} = \mu \left(\frac{\partial u}{\partial y} + \frac{\partial v}{\partial x} \right), \ \sigma_{zx} = \mu \left(\frac{\partial u}{\partial z} + \frac{\partial w}{\partial x} \right)$$

を代入して，

$$\frac{\partial u}{\partial t} + \mathbf{v} \cdot \nabla u = K_x - \frac{1}{\rho}\frac{\partial p}{\partial x} + \frac{\mu}{\rho}\nabla^2 u + \frac{\lambda + \mu}{\rho}\frac{\partial}{\partial x}\nabla \cdot \mathbf{v}.$$

ストークスの仮説を用いると，

$$\frac{\partial u}{\partial t} + \mathbf{v} \cdot \nabla u = K_x - \frac{1}{\rho}\frac{\partial p}{\partial x} + \frac{\mu}{\rho}\nabla^2 u + \frac{1}{3}\frac{\mu}{\rho}\frac{\partial}{\partial x}\nabla \cdot \mathbf{v}.$$

5-2. z 方向に作用する応力は，

$$\sigma_{zz} = -p + 2\mu \frac{\partial u_z}{\partial z}, \ \sigma_{\theta z} = \mu \left(\frac{1}{r}\frac{\partial u_z}{\partial \theta} + \frac{\partial u_\theta}{\partial z} \right), \ \sigma_{rz} = \mu \left(\frac{\partial u_r}{\partial z} + \frac{\partial u_z}{\partial r} \right)$$

であるが，与えられた u_z を用いると，r が一定の面における z 方向の応力
成分 σ_{rz} のみ有効である．応力の大きさは $\left| \mu \left. \dfrac{du_z}{dr} \right|_{r=a} \right| = 2\mu a A$ となる．

6 章の発展問題

6-1. 流線は，$\dfrac{dx}{-ay} = \dfrac{dy}{ax}$ より，$d(x^2 + y^2) = 0$．よって，原点を中心とする円.

　　　流跡線は $\dfrac{dx}{dt} = -ay$, $\dfrac{dy}{dt} = ax$ より，

$$\frac{dy}{dx} = \frac{\dfrac{dy}{dt}}{\dfrac{dx}{dt}} = \frac{-ay}{ax}$$

となり，$d(x^2 + y^2) = 0$ となる．よって，これも原点を中心とする円を描
く．定常流であるので，流線と流跡線は一致する．

6-2. 線香のけむりは，ある点を通過する流体粒子群に色を付けたようなものであ
り，定常流でなければ，流線とも流跡線とも一致しない．

6-3. 定常流であるので，連続の式は $\nabla \cdot (\rho\mathbf{v}) = 0$．これの，断面 S_A, S_B で挟ま
れた流管の部分領域 V での体積積分を考えると，

$$\int_V \nabla \cdot (\rho\mathbf{v})dV = 0.$$

これは，発散定理を用いて，領域 V の表面を S として，

$$\int_V \nabla \cdot (\rho\mathbf{v})dV = \int_S \rho\mathbf{v} \cdot d\mathbf{S} = 0.$$

部分領域 V の流管の側面を S_C とすると，S が，3 つの面 S_A, S_B, S_C か
らなり，流管であるので S_C からの流束は 0 であること，断面 S_A と S_B の
法線ベクトルの向きが逆になることから，

$$\int_{S_\mathrm{A}} \rho\mathbf{v} \cdot d\mathbf{S} = \int_{S_\mathrm{B}} \rho\mathbf{v} \cdot d\mathbf{S}.$$

6-4. 流線の接線方向の単位ベクトル（以下，接線ベクトル）を $\mathbf{e}_s$，法線方向の
単位ベクトル（法線ベクトル）を $\mathbf{e}_n$ とし，また，接線方向を表す座標を s，
法線方向を表す座標を n とする．外力のない定常流なので，オイラーの運動
方程式は

$$\mathbf{v} \cdot \nabla \mathbf{v} = -\frac{1}{\rho} \nabla p.$$

$q = |\mathbf{v}|$ とすると，$\mathbf{v} = q\mathbf{e}_s$ と書けるので，運動方程式の左辺は

$$\mathbf{v} \cdot \nabla \mathbf{v} = q\mathbf{e}_s \cdot \nabla \mathbf{v} = q\frac{\partial}{\partial s}(q\mathbf{e}_s) = q\frac{\partial q}{\partial s}\mathbf{e}_s + q^2\frac{\partial \mathbf{e}_s}{\partial s}.$$

ここで，$\mathbf{e}_s \cdot \mathbf{e}_s = 1$ の両辺を s で微分すると，$\mathbf{e}_s \cdot \dfrac{\partial \mathbf{e}_s}{\partial s} = 0$ となるので，$\mathbf{e}_s \cdot \mathbf{e}_n = 0$ を考慮して，$\mathbf{e}_n = R\dfrac{\partial \mathbf{e}_s}{\partial s}$ とおく．これはフレネ・セレの公式として知られる関係である．R は接線方向の座標 s の関数であり，曲率半径とよばれる．これにより，

$$\mathbf{v} \cdot \nabla \mathbf{v} = \frac{\partial}{\partial s}\left(\frac{1}{2}q^2\right)\mathbf{e}_s + \frac{q^2}{R}\mathbf{e}_n$$

とできる．

運動方程式の右辺は $\mathbf{e}_s \cdot \nabla p = \dfrac{\partial p}{\partial s}$，$\mathbf{e}_n \cdot \nabla p = \dfrac{\partial p}{\partial n}$ と書くことにする．以上から，流線方向の運動方程式は，$\dfrac{\partial}{\partial s}\left(\dfrac{1}{2}q^2\right) = -\dfrac{1}{\rho}\dfrac{\partial p}{\partial s}$ となる．これは，例えば，密度一定なら $\dfrac{\partial}{\partial s}\left(\dfrac{1}{2}q^2 + \dfrac{p}{\rho}\right) = 0$ となり，ベルヌーイの定理に対応する．

流線に直交する方向は $\dfrac{q^2}{R} = -\dfrac{1}{\rho}\dfrac{\partial p}{\partial n}$ となる．この式は流線の曲率中心の方向に圧力が低くなることを表す．これを流線曲率の定理という．

6-5. エントロピーを S とする．断熱変化のとき $dS = 0$．よって，$\dfrac{dS}{dt} = \dfrac{\partial S}{\partial t} + \mathbf{v} \cdot \nabla S = 0$．定常状態 $\left(\frac{\partial}{\partial t} = 0\right)$ では $\mathbf{v} \cdot \nabla S = 0$ となり，流線に沿ってエントロピーは一定．

7 章の発展問題

7-1. (a) $\mathbf{v} = \nabla\phi$ のとき $\nabla \times \mathbf{v} = \nabla \times (\nabla\phi) = \mathbf{0}$ となるので，$\mathbf{v} = \nabla\phi$ は，$\nabla \times \mathbf{v} = \mathbf{0}$ であることの必要条件である．十分条件でもあることは以下のように示せる．任意の経路 C についての $\mathbf{v}$ の線積分を考えて，それを

$$\phi_C = \int_C \mathbf{v} \cdot d\mathbf{r}$$

とおく．空間内の 2 点 A, B を考えて，A から B への経路 C_1 と B から A への経路 C_2 を考えると，A から B を経由して A に戻る経路 $C_1 + C_2$ は周

回積分となるので，ストークスの定理から，

$$\phi_{C_1} + \phi_{C_2} = \int_{C_1+C_2} \mathbf{v} \cdot d\mathbf{r} = \int_{C_1+C_2} (\nabla \times \mathbf{v}) \cdot d\mathbf{S} = 0$$

となる．これより，$\phi_{C_1} = -\phi_{C_2} = \phi_{C_2'}$ であることがわかる．経路 C_2' は，経路 C_2 を逆にたどって A から B へ至る経路である．これより，A を出発し B に至る線積分が経路によらないことがわかる．これはまた，出発点が同じなら，線積分の値は到着点の座標のみの関数となることを意味する．固定点からの線積分は全微分可能ということであり，$d\phi = \nabla\phi \cdot d\mathbf{r}$ となるので，$\mathbf{v} = \nabla\phi$ であることがわかる．

7-2. (a) 渦度は，$\nabla \times \mathbf{A} = \left[\dfrac{\partial}{\partial x}\left(\dfrac{kx}{r^2}\right) + \dfrac{\partial}{\partial y}\left(\dfrac{ky}{r^2}\right)\right]\mathbf{k} = \mathbf{0}$．

(b) 経路 C_1 で囲まれている領域 S_1 には $\mathbf{v}$ の特異点はないので，ストークスの定理が使える．$\nabla \times \mathbf{v} = \mathbf{0}$ であるので，

$$\oint_{C_1} \mathbf{v} \cdot d\mathbf{r} = \int_{S_1} (\nabla \times \mathbf{v}) \cdot d\mathbf{S} = 0.$$

(c) 経路 C_2 で囲まれている領域 S_2 は，$\mathbf{v}$ の特異点 $(0,0)$ を含むので，ストークスの定理をそのまま使ってはいけない．

$$\oint_{C_2} \mathbf{v} \cdot d\mathbf{r} = \int_{-1}^{1} \frac{kdx}{x^2+1} + \int_{-1}^{1} \frac{kdy}{y^2+1} + \int_{1}^{-1} \frac{-kdx}{x^2+1} + \int_{1}^{-1} \frac{kdy}{y^2+1}$$
$$= 4k\left[\tan^{-1} 1 - \tan^{-1}(-1)\right] = 2k\pi.$$

7-3. 図 7.8(a) が「渦ありの渦」で，(b) が「渦なしの渦」である．

7-4. $\dfrac{d\boldsymbol{\omega}}{dt} = \boldsymbol{\omega} \cdot \nabla\mathbf{v} + \dfrac{\mu}{\rho}\nabla^2\boldsymbol{\omega}$．

7-5. ケルビンの循環定理が成立するのは，保存力のもとでの，粘性の無視できるバロトロピー流体であるから，完全流体の運動方程式より

$$\frac{d\mathbf{v}}{dt} = -\nabla\left(P + \Omega\right)$$

となる．ここで P は圧力関数，Ω は外力のポテンシャルである．
循環 $\Gamma = \oint_C \mathbf{v} \cdot d\mathbf{r}$ のラグランジュ的な微分は，

$$\frac{d\Gamma}{dt} = \frac{d}{dt} \oint_C \mathbf{v} \cdot d\mathbf{r} = \oint_C \frac{d}{dt} \left(\mathbf{v} \cdot d\mathbf{r} \right) = \oint_C \left(\frac{d\mathbf{v}}{dt} \cdot d\mathbf{r} + \mathbf{v} \cdot \frac{dd\mathbf{r}}{dt} \right)$$

$$= -\oint_C \left[\nabla \left(P + \Omega \right) \cdot d\mathbf{r} + \mathbf{v} \cdot d\mathbf{v} \right] = -[P + \Omega]_C + \frac{1}{2} \oint_C d|\mathbf{v}|^2$$

$$= -[P + \Omega]_C + \left[\frac{1}{2}|\mathbf{v}|^2 \right]_C$$

P, Ω, $\frac{1}{2}|\mathbf{v}|^2$ は（単位質量あたりの）圧力エネルギー（=圧力関数），ポテンシャル，運動エネルギーであり，これらは経路によらない物理量と考えるべきである．したがって，周回積分をすればそれぞれの値は0になる．よって $\frac{d\Gamma}{dt} = 0$ である．

8 章の発展問題

8-1. オイラーの運動方程式は，

$$\frac{\partial \mathbf{v}}{\partial t} = -\frac{1}{\rho} \nabla p + \mathbf{K} - \frac{1}{2} \nabla |\mathbf{v}|^2 - \mathbf{v} \times (\nabla \times \mathbf{v}).$$

渦なしであるので，速度ポテンシャル ϕ を用いて $\mathbf{v} = \nabla \phi$ と書けるから，左辺は

$$\frac{\partial \mathbf{v}}{\partial t} = \nabla \left(\frac{\partial \phi}{\partial t} \right)$$

となる．右辺は，外力がポテンシャル Ω をもち，また，バロトロピー流体であるので，圧力関数 P を用いて

$$-\frac{1}{\rho} \nabla p + \mathbf{K} - \frac{1}{2} \nabla |\mathbf{v}|^2 - \mathbf{v} \times (\nabla \times \mathbf{v}) = -\nabla \left(P + \frac{|\mathbf{v}|^2}{2} + \Omega \right).$$

ゆえに，$\nabla \left(\dfrac{\partial \phi}{\partial t} + P + \dfrac{|\mathbf{v}|^2}{2} + \Omega \right) = 0$ で，これより，

$$\frac{\partial \phi}{\partial t} + P + \frac{|\mathbf{v}|^2}{2} + \Omega = F(t).$$

8-2. A, B における流速をそれぞれ q_A, q_B とし，さらに断面内で流速一様とする．密度一定（非圧縮）という条件から，連続の式より，$q_A S_A = q_B S_B$．また，ベルヌーイの定理から $\dfrac{1}{2} q_A^2 + \dfrac{p_A}{\rho} = \dfrac{1}{2} q_B^2 + \dfrac{p_B}{\rho}$ となるが，これは $q_B = \dfrac{S_A}{S_B} q_A$ から，

$$\frac{1}{2}q_A^2 \left[1 - \left(\frac{S_A}{S_B}\right)^2\right] = \frac{1}{\rho}(P_B - P_A)$$

となるので，

$$q_A^2 = \frac{2(P_B - P_A)S_B^2}{\rho(S_B^2 - S_A^2)}.$$

したがって，流量 $Q = q_A S_A = S_A S_B \sqrt{\dfrac{2(P_B - P_A)}{\rho(S_B^2 - S_A^2)}}.$

8-3. ピトー静圧管により計測した総圧 p_0 と静圧 p の差が，ピトー静圧管に接続されたU字管内の水銀の高さの差 Δh を作り出す．すなわち，$p - p_0 = \rho_d g \Delta h$．ここで，$\rho_d$ は水銀の密度，g は重力加速度である．

　流れは定常であるとする．また，管の大きさは十分小さく，ピトー静圧管の先端のよどみ点（図 8.4 の A）と側面（図 8.4 の B）の高さの差が十分小さく，重力の影響が無視できるとする．流速の大きさを q，空気の密度を ρ_a とすると，ベルヌーイの定理より

$$p_0 = \frac{1}{2}\rho_a q^2 + p.$$

以上より，

$$q = \sqrt{\frac{2\rho_d\, g\, \Delta h}{\rho_a}} = \sqrt{\frac{2 \times 13.6 \times 10^3 \times 9.8 \times \Delta h}{1.2}} \le \frac{500000}{60 \times 60}\ \mathrm{m \cdot s^{-1}}.$$

　Δh の最大値は $8.7\,\mathrm{cm}$ ほどの値になるので，U字管の長さは，$10\,\mathrm{cm}$ 程度の差の測定に支障のない長さということになる．

8-4. dt 時間に，排水孔から速度 q で水が排出され，水位が dh 変化したとすると，$Sdh = qAdt$．トリチェリの定理より，容器内の水位が h のときに排水孔から排出される水の速度が $q = \sqrt{2gh}$ となることを使えば，

$$\frac{dh}{dt} = -\frac{A\sqrt{2gh}}{S}.$$

初期条件を $t = 0$ で $h = H$ として，上の h についての微分方程式を解くと，

$$\sqrt{h} = \sqrt{H} - \left(\frac{A}{S}\sqrt{\frac{g}{2}}\right)t.$$

したがって，排水するのに要する時間 T は，$t = T$ で $h = 0$ となることから，

$$T = \frac{S}{A}\sqrt{\frac{2H}{g}}.$$

8-5. 検査域における運動エネルギーの生成・消滅に関係するのは，検査域に対する圧力と外力による仕事である（発展問題 1-3）．圧力を p，外力を $\mathbf{K}$ とすると，仕事 Q は，

$$Q = \int_V \mathbf{v} \cdot \left[\rho\left(-\frac{1}{\rho}\nabla p + \mathbf{K}\right)\right] dV$$

となる．この Q を用いて，ベルヌーイの定理を導出する．バロトロピー流体であるとすると，圧力関数 P を用いて，$-\frac{1}{\rho}\nabla p = -\nabla P$ となる．また，外力が保存力であるとすると，外力のポテンシャルを Ω として $\mathbf{K} = -\nabla\Omega$ となるので，

$$Q = -\int_V \rho\mathbf{v}\cdot\nabla(P+\Omega)\,dV$$

と書ける．問題文で与えられた式の左辺は，

$$\frac{\partial}{\partial t}\int_V E\,dV = \int_V \left(\frac{\rho}{2}\mathbf{v}\cdot\frac{\partial \mathbf{v}}{\partial t} + \frac{q^2}{2}\frac{\partial \rho}{\partial t}\right)dV.$$

また，右辺第 1 項は

$$-\int_S E\mathbf{v}\cdot d\mathbf{S} = -\int_V \left[\frac{q^2}{2}\nabla\cdot(\rho\mathbf{v}) + \rho\mathbf{v}\cdot\nabla\frac{q^2}{2}\right]dV$$

となるので，連続の式を使うと

$$\int_V \left(\frac{\rho}{2}\mathbf{v}\cdot\frac{\partial \mathbf{v}}{\partial t} + \rho\mathbf{v}\cdot\nabla\frac{q^2}{2}\right)dV = Q = -\int_V \rho\mathbf{v}\cdot\nabla(P+\Omega)\,dV$$

となる．定常のとき，$\frac{\partial \mathbf{v}}{\partial t} = 0$ より $\rho\mathbf{v}\cdot\nabla\left(\frac{q^2}{2} + P + \Omega\right) = 0$.

9 章の発展問題

9-1.

$$\frac{\partial^2}{\partial x^2}\left(\frac{m}{\sqrt{x^2+y^2+z^2}}\right) = m\left[(x^2+y^2+z^2)^{-\frac{3}{2}} - 3x^2(x^2+y^2+z^2)^{-\frac{3}{2}}\right]$$

となることなどを用いると

$$\nabla^2\phi = m[3(x^2+y^2+z^2)^{-\frac{3}{2}} - 3(x^2+y^2+z^2)(x^2+y^2+z^2)^{-\frac{5}{2}}] = 0$$

となり，ラプラス方程式を満たす．速度場は，$r = \sqrt{x^2 + y^2 + z^2}$ とおくと，

$$\mathbf{v} = \nabla\phi = \frac{mx}{r^3}\mathbf{i} + \frac{my}{r^3}\mathbf{j} + \frac{mz}{r^3}\mathbf{k}.$$

これを使うと流線の式は，$\dfrac{dx}{x} = \dfrac{dy}{y} = \dfrac{dz}{z}$ より，$Ax = By = Cz$ となる．A, B, C は任意の定数であり，流線は原点を通る傾きが任意の直線群となる．したがって，ϕ は，3次元の湧き出し $(m > 0)$ あるいは，吸いこみ $(m < 0)$ に対応する速度ポテンシャルである．

9-2. 速度ポテンシャル ϕ は，

$$\phi = \frac{-m}{\sqrt{(z-\epsilon)^2 + y^2 + x^2}} + \frac{m}{\sqrt{(z+\epsilon)^2 + y^2 + x^2}}.$$

ここで，球座標を用いて $r^2 = x^2 + y^2 + z^2$，$z = r\cos\theta$ とすると，

$$\left[x^2 + y^2 + (z-\epsilon)^2\right]^{-\frac{1}{2}} = \left[r^2 + \epsilon^2 - 2\epsilon r\cos\theta\right]^{-\frac{1}{2}} \simeq \frac{1}{r}\left(1 + \frac{\epsilon}{r}\cos\theta\right),$$

$$\left[x^2 + y^2 + (z+\epsilon)^2\right]^{-\frac{1}{2}} = \left[r^2 + \epsilon^2 + 2\epsilon r\cos\theta\right]^{-\frac{1}{2}} \simeq \frac{1}{r}\left(1 - \frac{\epsilon}{r}\cos\theta\right)$$

より，$\phi = -\dfrac{m\epsilon}{r^2}\cos\theta = -\dfrac{\mu\cos\theta}{r^2}$．

9-3. 流線関数を ψ とすると，

$$d\psi = \frac{\partial\psi}{\partial x}dx + \frac{\partial\psi}{\partial y}dy = -vdx + udy$$

である．この式は，ψ が一定，すなわち，$d\psi = 0$ のとき $\dfrac{dx}{u} = \dfrac{dy}{v}$ となる．

9-4. グリーンの定理：

$$\int_V \left[\psi\nabla^2\phi + (\nabla\psi)\cdot(\nabla\phi)\right]dV = \int_S \psi\frac{\partial\phi}{\partial n}dS$$

で，$\phi = \psi$ とすると，

$$\int_V \left[\phi\nabla^2\phi + (\nabla\phi)\cdot(\nabla\phi)\right]dV = \int_S \phi\frac{\partial\phi}{\partial n}dS.$$

ここで，$\nabla\cdot\mathbf{v} = \nabla\cdot(\nabla\phi) = \nabla^2\phi = 0$ より，

$$\int_V \left[(\nabla\phi)\cdot(\nabla\phi)\right]dV = \int_S \phi\frac{\partial\phi}{\partial n}dS.$$

また，$\mathbf{n}$ の向きに注意して，

$$\frac{\partial \phi}{\partial n} = (\nabla \phi) \cdot (-\mathbf{n}) = -\mathbf{v} \cdot \mathbf{n}.$$

以上より,

$$\int_V \left[(\nabla \phi) \cdot (\nabla \phi) \right] dV = \int_V |\mathbf{v}|^2 dV = -\int_S \phi \mathbf{v} \cdot \mathbf{n} dS.$$

$|\mathbf{v}|^2$ は, $\dfrac{\rho}{2}$ (ρ は密度. 非圧縮 $\nabla \cdot \mathbf{v} = 0$ であるから ρ は一定) を掛けて, 運動エネルギーとなる. V が固体壁で囲まれた領域だとすると, その境界面 S において法線方向の速度は 0 ($\mathbf{v} \cdot \mathbf{n}$) となるから,

$$\frac{\rho}{2} \int_V |\mathbf{v}|^2 dV = 0$$

である. 固体壁で囲まれた領域においては非圧縮完全流体の渦なし流れの運動エネルギーは 0, つまり, 流れが生じないということになる.

9-5. (a) 関数 $f(x, y)$ の全微分を考えると,

$$df = \frac{\partial f}{\partial x} dx + \frac{\partial f}{\partial y} dy = \left(\frac{\partial \phi}{\partial x} + i\frac{\partial \psi}{\partial x} \right) dx + \left(\frac{\partial \phi}{\partial y} + i\frac{\partial \psi}{\partial x} \right) dy$$
$$= (u - iv)(dx + idy) = (u - iv)dz.$$

(b) (a) と同様にして, $d\bar{f}(z) = (u + iv)(dx - idy) = (u + iv)d\bar{z}$ から,

$$\frac{d\bar{f}(z)}{d\bar{z}} = u + iv.$$

よって, $q^2 = u^2 + v^2 = (u - iv)(u + iv) = \dfrac{df(z)}{dz}\dfrac{d\bar{f}(z)}{d\bar{z}}$.

9-6. (a) 複素速度ポテンシャルは $f(z) = -i\dfrac{\Gamma_0}{2\pi} \log(z - z_0)$.

(b) $z - z_0 = r_0 e^{i\theta_0}$ とおくと

$$f(z) = -i\frac{\Gamma_0}{2\pi}(\log r_0 + i\theta_0)$$

となるので, 速度ポテンシャル ϕ と流線関数 ψ は,

$$\phi = \frac{\Gamma_0}{2\pi}\theta_0, \ \psi = -\frac{\Gamma_0}{2\pi} \log r_0$$

である. ただし, $r_0 = \sqrt{(x - x_0)^2 + (y - y_0)^2}$, $\theta_0 = \tan^{-1}\dfrac{y - y_0}{x - x_0}$.

(c) $u - iv = \dfrac{df(z)}{dz} = -i\dfrac{\Gamma_0}{2\pi}\dfrac{1}{z - z_0}$ となる. $z = 0$ では,

$$u_0 = \frac{\Gamma_0}{2\pi} \frac{y_0}{x_0^2 + y_0^2}, \quad v_0 = -\frac{\Gamma_0}{2\pi} \frac{x_0}{x_0^2 + y_0^2}.$$

10 章の発展問題

10-1. (a) 2 次元の場合，複素速度ポテンシャルは，$f(z) = Uz + m\log z$. これを用いて，

$$\frac{df}{dz} = u - iv = U + \frac{m}{z} = U + \frac{m(x - iy)}{x^2 + y^2}$$

より，$\mathbf{v} = (u, v) = \left(U + \dfrac{mx}{x^2 + y^2}, \ \dfrac{my}{x^2 + y^2} \right)$. 流れ $\mathbf{v}$ は $(x, y) = \left(-\dfrac{U}{m}, \ y \right)$ で恒等的に 0 となる．湧き出しは原点にあり，よどみ点は x 軸上にあるので，$a = \dfrac{m}{U}$.

十分下流で湧き出した流体の占める領域の幅 b については，十分下流では，湧き出した流体の流速も U となり，b の幅の領域を単位時間に通過する流量は Ub となる．この Ub が，単位時間に湧き出す水量（$2\pi m = Q$）に等しくなる（$Ub = 2\pi m$）から，$b = \dfrac{2\pi m}{U} = 2\pi a$ となる．

(b) $a = \sqrt{\dfrac{m}{U}}$, $b = 4\sqrt{\dfrac{m}{U}}$.

10-2. 例題の速度ポテンシャルを用いて球面上の流速を求めると，

$$(u_r, u_\theta, u_\lambda) = \left(0, -\frac{3}{2} U \sin\theta, 0 \right).$$

球面上での圧力 p_s は，球から十分離れた上流での圧力を p_0 としてベルヌーイの定理より，

$$p_s = p_0 + \frac{1}{2}\rho U^2 - \frac{9}{8}\rho U^2 \sin^2\theta.$$

球が受ける力は $\mathbf{F} = -\displaystyle\int_S p_s d\mathbf{S} = (0, 0, 0)$.

10-3. (a) w 面上での流れ (u, v) は，$\dfrac{df}{dw} = u - iv$ で求められる．$\kappa = 0$ のとき，

$$\frac{df}{dw} = \frac{\dfrac{df}{dz}}{\dfrac{dz}{dw}} = \frac{Ue^{-i\beta} - \dfrac{Ua^2 e^{i\beta}}{z^2}}{1 - \dfrac{a^2}{z^2}} = \frac{Ue^{-i\beta}z^2 - Ua^2 e^{i\beta}}{z^2 - a^2}$$

となり，$z = \pm a$. すなわち，$w = \pm 2a$ で流れは ∞ となる．

(b) $\kappa \neq 0$ のとき，(a) と同様の計算で

$$\frac{df}{dw} = \frac{Ue^{-i\beta}z^2 - Ua^2 e^{i\beta} + i\kappa z}{z^2 - a^2}$$

となる．$w = 2a$，すなわち $z = a$ で流れが ∞ にならないためには，この分子が $z = a$ で 0 となればよい．よって $\kappa = 2aU\sin\beta$ となる．

(c) 与えられた複素速度ポテンシャルから，平板に作用する力 $\mathbf{F} = (F_x, F_y)$ を求めるために，ここではブラジウスの公式を用いる．複素速度ポテンシャルを微分すると，

$$\frac{df}{dw} = Ue^{-i\beta} + Ua^2\left(e^{i\beta} - e^{-i\beta}\right)\frac{-1}{w^2} + i\kappa\frac{1}{w}$$

となり，さらにこの 2 乗を計算しなければならないが，後で，

$$\int_C w^n dw = \begin{cases} 0 & n \neq -1, \\ 2\pi i & n = -1 \end{cases}$$

を使うことを考えれば，計算に関係する項は

$$\left(\frac{df}{dw}\right)^2 \Rightarrow Ue^{-i\beta}2\kappa\frac{i}{w}$$

のみである．ブラジウスの公式から平板周りの閉曲線 C について，

$$F_x - iF_y = \frac{i\rho}{2}\int_C \left(\frac{df}{dw}\right)^2 dw = 2\pi\rho U\kappa(-\sin\beta - i\cos\beta).$$

11 章の発展問題

11-1. 波の進行方向を x，水位変動の方向を z とする．また，波がない（静止している）場合の水深を一定値 h（$h > 0$）とし，水面を $z = 0$，水底を $z = -h$ とする．ラプラス方程式は，速度ポテンシャルを ϕ とすると

$$\frac{\partial^2 \phi}{\partial x^2} + \frac{\partial^2 \phi}{\partial z^2} = 0$$

である．

水底（$z = -h$）での境界条件は，運動学的境界条件から $\dfrac{\partial \phi}{\partial z} = w = 0$. w は z 方向の速度である．水面での運動学的境界条件は，変動する境界 $F(x, z, t) = 0$ に対して $\dfrac{dF}{dt} = 0$. 水面を $z = \eta(x, t)$ とすると，$F(x, z, t) = z - \eta(z, t) = 0$ より，

である.

$$\frac{dF}{dt} = w - \left(\frac{\partial \eta}{\partial t} + u\frac{\partial \eta}{\partial x}\right) = \frac{\partial \phi}{\partial z} - \left(\frac{\partial \eta}{\partial t} + \frac{\partial \phi}{\partial x}\frac{\partial \eta}{\partial x}\right) = 0$$

である. 水面での力学的境界条件は, 自由表面では常に一定の大気圧がかかっているので, これは重力場でバランスしていると考えて, 渦なしの条件下で圧力方程式を使う. すると,

$$\eta = -\frac{1}{g}\frac{\partial \phi}{\partial t} - \frac{1}{2g}|\nabla \phi|^2.$$

水面波の振幅が十分に小さい, 無限小振幅の波を考えて, 水面における境界条件は, 結局,

$$\frac{\partial^2 \phi}{\partial t^2} + g\frac{\partial \phi}{\partial z} = 0$$

のように1つにまとめられる. なお, この境界条件は, 変動している実際の水面 $(z = \eta)$ でなく, $z = 0$ (静止しているときの水面) で適用する.

速度ポテンシャルを $\phi = A(z)\cos(kx - \omega t)$ とおき, ラプラス方程式を解く. ラプラス方程式から,

$$\left(\frac{\partial^2 A}{\partial z^2} - k^2 A\right)\cos(kz - \omega t) = 0$$

が得られるが, これが恒等的に成り立つためには $\frac{\partial^2 A}{\partial z^2} - k^2 A = 0$ であり, この解は, C_1, C_2 を定数として $A(z) = C_1 e^{kz} + C_2 e^{-kz}$ となる.

水底 $(z = -h)$ での境界条件から $C_1 e^{-kh} - C_2 e^{kh} = 0$.
水面 $(z = 0)$ での境界条件から $C_1(gk - \omega^2) - C_2(gk + \omega^2) = 0$.

これらから, C_1, C_2 が0でない解をもつための条件として, 分散関係式 $\omega^2 = gk\tanh(kh)$ が得られる.
また, $C_2 = C_1 \dfrac{e^{-kh}}{e^{kh}}$ より, $A(z) = \dfrac{2C_1}{e^{kh}}\cosh k(z + h)$ である. 表面での形状 $\eta = \eta_0 \sin(kx - \omega t)$ より,

$$\eta = -\frac{1}{g}\left.\frac{\partial \phi}{\partial t}\right|_{z=0} = -\frac{\omega A(0)}{g}\sin(kx - \omega t).$$

$\eta_0 = -\dfrac{\omega A(0)}{g} = -\dfrac{2\omega C_1}{ge^{kh}}\cosh kh$ として $C_1 = -\dfrac{1}{2}\dfrac{g\eta_0}{\omega}\dfrac{e^{kh}}{\cosh kh}$.

11-2. 外洋を伝搬する津波を浅水波とみなし, 位相速度 V が太平洋の平均水深 H を用いて $V = \sqrt{gH}$ で求められるとすると, $H \sim 4300$ m.

11-3. (a) $\omega^2 = gk$, (b) $\sqrt{\dfrac{g}{k}}$, (c) $\dfrac{1}{2}\sqrt{\dfrac{g}{k}}$.

11-4. (a) $\phi = \dfrac{-g\eta_0}{\omega}\cos(kx - \omega t)$.

(b) 流体粒子の速度は，x, z 方向の速度を u, w とすると $u = \dfrac{g\eta_0 k}{\omega}\sin(kx - \omega t)$, $w = 0$ となる．w については，近似する前の ϕ を用いて，$w = \eta_0\omega\left(1 + \dfrac{z}{h}\right)\cos(kx - \omega t)$ という解も考えられる．

(c) と (d) は，深水波と同じ $\dfrac{1}{4}\rho g\eta_0^2 L$.

12 章の発展問題

12-1. 流線関数 Ψ は，C_0, C_1, C_2, C_3 を定数として

$$
\Psi = \begin{cases}
-\dfrac{\Omega}{4}r^2 + C_0\log r + C_1 & r < a, \\[2mm]
C_2\log r + C_3 & r \geq a.
\end{cases}
$$

流れの内部に特異性が許されないこと等から $C_0 = C_1 = 0$ となる．また，$r = a$ で Ψ と $\dfrac{\partial\Psi}{\partial r}$ が連続でなければならないことから，

$$
C_2 = -\frac{\Omega a^2}{2}, \ C_3 = \frac{\Omega a^2}{4}(2\log a - 1).
$$

よって，

$$
\Psi = \begin{cases}
-\dfrac{\Omega}{4}r^2 & r < a, \\[2mm]
-\dfrac{\Omega a^2}{2}\log r + \dfrac{\Omega a^2}{4}(2\log a - 1) & r \geq a.
\end{cases}
$$

これより，r, θ 方向の流速 u_r, u_θ は，

$$
u_r = \frac{1}{r}\frac{\partial\Psi}{\partial\theta} = 0,
$$

$$
u_\theta = -\frac{\partial\Psi}{\partial r} = \begin{cases}
\dfrac{\Omega r}{2} & r < a, \\[2mm]
\dfrac{\Omega a^2}{2r} & r \geq a.
\end{cases}
$$

表面の形状は，2 次元的な定常流の，円筒座標でのオイラーの運動方程式に求めた流速分布を代入することで得られる．$r < a$ のとき

$$
-\frac{\Omega^2 r}{4} = -\frac{1}{\rho}\frac{\partial p}{\partial r}, \quad 0 = -\frac{1}{\rho r}\frac{\partial p}{\partial\theta}, \quad 0 = -\frac{1}{\rho}\frac{\partial p}{\partial z} - g
$$

であり，$r \geq a$ のとき

$$-\frac{\Omega^2 a^4}{4r^3} = -\frac{1}{\rho}\frac{\partial p}{\partial r}, \quad 0 = -\frac{1}{\rho r}\frac{\partial p}{\partial \theta}, \quad 0 = -\frac{1}{\rho}\frac{\partial p}{\partial z} - g$$

であるから，これらを解くと，

$$p = \begin{cases} p_0 - \rho g z - \dfrac{\rho \Omega^2}{8}(2a^2 - r^2) & r < a, \\ p_0 - \rho g z - \rho\dfrac{\Omega^2 a^4}{8r^2} & r \geq a. \end{cases}$$

なお，自由表面で $p = p_0$，$r \to \infty$ で $z = 0$，$r = a$ で z と p が連続，という条件を用いている．自由表面の形状は，$p = p_0$ から

$$z = \begin{cases} -\dfrac{\Omega^2}{8g}(2a^2 - r^2) & r < a, \\ -\dfrac{\Omega^2 a^4}{8gr^2} & r \geq a. \end{cases}$$

12-2. x, y, z 方向の単位ベクトルをそれぞれ，$\mathbf{i}, \mathbf{j}, \mathbf{k}$ とする．渦糸のある z 軸上の点 $Q(0, 0, z_q)$ の線素ベクトルは $d\mathbf{s} = \mathbf{k}dz_q$ と書ける．流れを考える点を $P(x, y, z)$ とすると，$\mathbf{r} = \overrightarrow{QP} = (x, y, z - z_q)$ となるので，

$$d\mathbf{s} \times \mathbf{r} = (-y\mathbf{i} + x\mathbf{j})\,dz_q$$

である．ビオ・サバールの法則から，

$$\mathbf{v} = \frac{\Gamma}{4\pi}\int_C \frac{-y\mathbf{i} + x\mathbf{j}}{r^3}dz_q = \frac{\Gamma}{4\pi}(-y\mathbf{i} + x\mathbf{j})\int_C \frac{dz_q}{r^3}.$$

渦糸上にある点 $P'(0, 0, z)$ と点 P の距離を R とし，$\angle PQP' = \theta$，$\angle QPP' = \theta_1$ として（図2），$z_q - z = R\tan\theta_1$ 等とおいて積分すると，

$$\int_0^{z_q} \frac{dz_q}{r^3} = \frac{1}{R^2}\sin\theta_1 = \frac{1}{R^2}\cos\theta = \frac{z_q - z}{(x^2 + y^2)\sqrt{x^2 + y^2 + (z - z_q)^2}}.$$

z_q について $-\infty$ から ∞ まで積分すると，

$$\int_{-\infty}^{\infty}\frac{dz_q}{r^3} = \frac{2}{x^2 + y^2}.$$

よって，$\mathbf{v} = \dfrac{\Gamma}{2\pi}\dfrac{-y\mathbf{i} + x\mathbf{j}}{x^2 + y^2}$．これは，複素平面上で原点に強さ Γ の渦糸があるとしたときの流れと一致する．

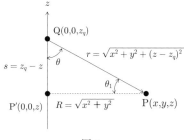

図 2

12-3. 壁を x 軸 $(y = 0)$ とし，$y > 0$ の領域に流体があるとする．渦糸の位置を
点 A $(z_0 = x_0 + iy_0)$ とする．点 A に対して対称な点 B $(\overline{z_0} = x_0 - iy_0)$
に強さ $-\Gamma$ の渦糸があると考えることで壁が表現できる．このとき，A と B
の渦糸による複素速度ポテンシャルは，

$$f(z) = -\frac{i\Gamma}{2\pi} \log(z - z_0) + \frac{i\Gamma}{2\pi} \log(z - \overline{z_0}).$$

渦糸のある $z = z_0$ での速度は，

$$\left.\frac{df}{dz}\right|_{z=z_0} = u - iv|_{z=z_0} = \frac{\Gamma}{4\pi y_0}$$

より，$(u, v) = \left(\dfrac{\Gamma}{4\pi y_0},\, 0\right)$ となるので，壁に平行に移動する．

12-4. 任意の位置にある渦糸 A の両側には，対称な位置に同数の渦糸がある．そ
れらの渦糸による流れは渦糸 A の位置ですべて相殺するので，渦糸 A の移
動速度は 0 である．つまり，渦列を構成するすべての渦糸は移動速度が 0 で
動かないといえるので，渦列は不動である．

　m を任意の整数として，$z = ma$ の位置の渦糸の速度が 0 であることを示
す場合は，$\cot\left(\dfrac{\pi z}{a}\right) = \cot\left[\dfrac{\pi}{a}(z - ma)\right]$ となることを利用する．

12-5. (a) 3 つの渦糸による複素速度ポテンシャルは

$$f(z) = -\frac{i\Gamma_1}{2\pi} \log(z - z_1) - \frac{i\Gamma_2}{2\pi} \log(z - z_2) - \frac{i\Gamma_3}{2\pi} \log(z - z_3)$$

である．$z = z_1$ では，ここにある渦糸の寄与は考えなくてよいので，

$$f(z_1) = -\frac{i\Gamma_2}{2\pi} \log(z_1 - z_2) - \frac{i\Gamma_3}{2\pi} \log(z_1 - z_3)$$

となる．$\theta_{mn} = \tan^{-1} \dfrac{y_m - y_n}{x_m - x_n}$ とすると，

$$z_1 - z_2 = r_{12} \exp(i\theta_{12}), \ z_1 - z_3 = r_{13} \exp(i\theta_{13})$$

と書けるので，

$$f(z_1) = \frac{\Gamma_2 \theta_{12} + \Gamma_3 \theta_{13}}{2\pi} + i \left(-\frac{\Gamma_2}{2\pi} \log r_{12} - \frac{\Gamma_3}{2\pi} \log r_{13} \right).$$

虚部が流線関数となるので，$\psi_1 = -\dfrac{\Gamma_2}{2\pi} \log r_{12} - \dfrac{\Gamma_3}{2\pi} \log r_{13}$.

(b) (a) と同様にして，

$$\psi_2 = -\frac{\Gamma_1}{2\pi} \log r_{21} - \frac{\Gamma_3}{2\pi} \log r_{23},$$

$$\psi_3 = -\frac{\Gamma_1}{2\pi} \log r_{31} - \frac{\Gamma_2}{2\pi} \log r_{32}$$

と求められる．これより，

$$H = -\frac{\Gamma_1 \Gamma_2}{2\pi} \log r_{12} - \frac{\Gamma_1 \Gamma_3}{2\pi} \log r_{13} - \frac{\Gamma_2 \Gamma_3}{2\pi} \log r_{23} = \Gamma_1 \psi_1 - \frac{\Gamma_2 \Gamma_3}{2\pi} \log r_{23}.$$

$z = z_1$ における x, y 方向の流速を u_1, v_1 とする．$u_1 = \dfrac{\partial \psi_1}{\partial y_1} = \dfrac{dx_1}{dt}$ となる

ことに注意すれば，$\dfrac{\partial H}{\partial y_1} = \Gamma_1 \dfrac{\partial \psi_1}{\partial y_1} = \Gamma_1 \dfrac{dx_1}{dt}$ を導出できる．

(c) (b) で求めた H の全微分は，

$$dH = \Gamma_1(-v_1 dx_1 + u_1 dy_1) + \Gamma_2(-v_2 dx_2 + u_2 dy_2) + \Gamma_3(-v_3 dx_3 + u_3 dy_3).$$

よって，

$$\frac{dH}{dt} = \Gamma_1 \left(-v_1 \frac{dx_1}{dt} + u_1 \frac{dy_1}{dt} \right) + \Gamma_2 \left(-v_2 \frac{dx_2}{dt} + u_2 \frac{dy_2}{dt} \right)$$

$$+ \Gamma_3 \left(-v_3 \frac{dx_3}{dt} + u_3 \frac{dy_3}{dt} \right)$$

$$= \Gamma_1(-v_1 u_1 + u_1 v_1) + \Gamma_2(-v_2 u_2 + u_2 v_2) + \Gamma_3(-v_3 u_3 + u_3 v_3) = 0.$$

13 章の発展問題

13-1. 図 3 に示すように 2 枚の板の間隔を H とし，$z = 0$ にある板は静止してい
て，$z = H$ にある板は x 方向に一定速度 U で動いているとする．

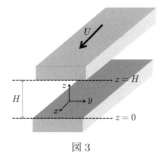

図 3

　定常，非圧縮，流れは y 方向に一様で，流れの方向 (x) の圧力勾配が 0 という条件から，ナビエ・ストークスの式は

$$\frac{\mu}{\rho}\frac{d^2 u}{dz^2} = 0$$

となる．これを，境界条件

$$u = \begin{cases} 0 & z = 0, \\ U & z = H \end{cases}$$

のもとで解くと，速度分布が $u = \dfrac{U}{H}z$ と求められる．

13-2. (a) 極座標で $\nabla^2 = \dfrac{\partial^2}{\partial r^2} + \dfrac{1}{r}\dfrac{\partial}{\partial r} + \dfrac{1}{r^2}\dfrac{\partial^2}{\partial\theta^2}$ となることを利用する．

$$\nabla^2 \mathbf{v} = \nabla^2 u_\theta \mathbf{e}_\theta = \left(\nabla^2 u_\theta\right)\mathbf{e}_\theta + u_\theta\left(\nabla^2 \mathbf{e}_\theta\right) + 2\left(\nabla u_\theta\right)\cdot\nabla\mathbf{e}_\theta$$

となるが，u_θ は r のみの関数であるので，$\nabla^2 u_\theta = \dfrac{d^2 u_\theta}{dr^2} + \dfrac{1}{r}\dfrac{du_\theta}{dr}$ となり，また $\mathbf{e}_\theta = -\sin\theta\,\mathbf{i} + \cos\theta\,\mathbf{j}$ より，$\nabla^2 \mathbf{e}_\theta = \dfrac{1}{r^2}\dfrac{\partial^2 \mathbf{e}_\theta}{\partial\theta^2} = -\dfrac{1}{r^2}\mathbf{e}_\theta$ となるので，与式が成り立つ．

(b) 定常，非圧縮粘性流体の運動方程式は $\mathbf{v}\cdot\nabla\mathbf{v} = -\dfrac{1}{\rho}\nabla p + \dfrac{\mu}{\rho}\nabla^2\mathbf{v}$．左辺は，$u_r = 0$ であることと u_θ が r のみの関数であることから，

$$\mathbf{v}\cdot\nabla\mathbf{v} = \frac{u_\theta}{r}\frac{\partial u_\theta \mathbf{e}_\theta}{\partial\theta} = -\frac{u_\theta{}^2}{r}\mathbf{e}_r$$

となる．(a) の結果も用いて，r 方向の運動方程式は，

$$\frac{u_\theta{}^2}{r} = \frac{1}{\rho}\frac{\partial p}{\partial r}.$$

r 方向の運動方程式から p は r のみの関数とわかるので，θ 方向の方程式は，

$$0 = \frac{d^2 u_\theta}{dr^2} + \frac{1}{r}\frac{du_\theta}{dr} - \frac{u_\theta}{r^2}.$$

(c) 与えられた u_θ に対して，

$$\frac{du_\theta}{dr} = C_1 - \frac{C_2}{r^2}, \; \frac{d^2 u_\theta}{dr^2} = \frac{2C_2}{r^3}$$

となるので，

$$\frac{d^2 u_\theta}{dr^2} + \frac{1}{r}\frac{du_\theta}{dr} - \frac{u_\theta}{r^2} = \frac{2C_2}{r^3} + \frac{1}{r}\left(C_1 - \frac{C_2}{r^2}\right) - \frac{1}{r^2}\left(C_1 r + \frac{C_2}{r}\right) = 0$$

となり，u_θ は運動方程式を満たす．

係数 C_1, C_2 は境界条件から求めることができる．内側の円筒は静止している，すなわち，$r = a_1$ で $u_\theta = 0$ より，$C_1 a_1 + \dfrac{C_2}{a_1} = 0$ となる．外側の円筒は角速度 Ω で回転している，すなわち，$r = a_2$ で $u_\theta = a_2 \Omega$ より，$C_1 a_2 + \dfrac{C_2}{a_2} = a_2 \Omega$ となる．これらを解くと，

$$C_1 = \frac{a_2{}^2 \Omega}{a_2{}^2 - a_1{}^2}, \;\; C_2 = -\frac{a_1{}^2 a_2{}^2 \Omega}{a_2{}^2 - a_1{}^2}.$$

(d) 外側の円筒に作用する粘性応力 τ は，r 一定の面に対する θ 方向の応力 $\sigma_{r\theta}$ により生じる．$\sigma_{r\theta}$ は，

$$\sigma_{r\theta} = \mu \left(\frac{\partial u_\theta}{\partial r} - \frac{u_\theta}{r} + \frac{1}{r}\frac{\partial u_r}{\partial \theta}\right)$$

である．$u_r = 0$ であり，u_θ が r のみの関数であるので，

$$\tau = |\sigma_{r\theta}| = \left|\left(\mu\frac{du_\theta}{dr} - \frac{u_\theta}{r}\right)\Big|_{r=a_2}\right| = \left|-2\mu\frac{C_2}{a_2{}^2}\right| = 2\mu\Omega\frac{a_1{}^2}{a_2{}^2 - a_1{}^2}.$$

13-3. (a) 解を $u(y,t) = A(t)B(y)$ とおき，微分方程式に代入すると

$$\frac{1}{A}\frac{\partial A}{\partial t} = \frac{\nu}{B}\frac{\partial^2 B}{\partial y^2}.$$

これを定数 c とおく．この式に，$A = A_0 \exp(k_1 t)$, $B = B_0 \exp(k_2 y)$ を代入すると，$c = k_1$, $k_2^2 = \dfrac{c}{\nu} = \dfrac{k_1}{\nu}$ が導かれる．これより，$k_2 = \pm\sqrt{\dfrac{k_1}{\nu}}$. したがって，$C$ を新たな定数として，$u(y,t)$ は

$$u(y,t) = A(t)B(y) = C \exp \left(k_1 t \pm \sqrt{\frac{k_1}{\nu}} y \right)$$

と書ける. $y = 0$ で $u(0,t) = U_0 \cos(\omega t)$ という境界条件に合うように, $k_1 = i\omega$ $(i = \sqrt{-1})$ とすると,

$$u(y,t) = C \exp i \left(\omega t \pm \sqrt{\frac{\omega}{2\nu}} y \right) \exp \left(\pm \sqrt{\frac{\omega}{2\nu}} y \right).$$

$y \to \infty$ で $u \to 0$ という条件, 現象が $y = 0$ から始まり上方 $(y > 0)$ に伝搬すること, さらに解の実部のみとることとして, $C = U_0$ とすれば

$$u(y,t) = U_0 \exp \left(-\sqrt{\frac{\omega}{2\nu}} y \right) \left(\omega t - \sqrt{\frac{\omega}{2\nu}} y \right).$$

(b) (a) の答えから $\dfrac{|u|}{U_0} = \exp \left(-\sqrt{\dfrac{\omega}{2\nu}} \delta \right) = 0.01$ で, $\log_e(0.01) = -4.605\ldots$ より, $\delta \approx 4.6 \sqrt{\dfrac{2\nu}{\omega}}$ となる.

13-4. (a) r が一定の面に対する x 方向の応力は,

$$p_{rx} = \frac{x}{r} \sigma_{xx} + \frac{y}{r} \sigma_{yx} + \frac{z}{r} \sigma_{zx}$$

となる. この式に,

$$\sigma_{xx} = -p + 2\mu \frac{\partial u}{\partial x}, \ \sigma_{yx} = \mu \left(\frac{\partial u}{\partial y} + \frac{\partial v}{\partial x} \right), \ \sigma_{zx} = \mu \left(\frac{\partial u}{\partial z} + \frac{\partial w}{\partial x} \right)$$

を代入して整理すると

$$r p_{rx} = -xp - \mu u + \mu \frac{\partial}{\partial x} (xu + yv + zw) + \mu \left(x \frac{\partial u}{\partial x} + y \frac{\partial u}{\partial y} + z \frac{\partial u}{\partial z} \right).$$

この式は, $r = a$ で,

$$\frac{\partial}{\partial x} (xu + yv + zw) \bigg|_{r=a} = 0,$$

$$x \frac{\partial u}{\partial x} + y \frac{\partial u}{\partial y} + z \frac{\partial u}{\partial z} \bigg|_{r=a} = \frac{3}{2} U - \frac{3}{2} U \frac{x^2}{a^2}$$

となること, また, 粘着条件から $r = a$ では $u = 0$ であることに注意して,

$$a p_{ax} = -x \left(p_f - \mu \frac{3aU}{2} \frac{x}{a^3} \right) + \mu \left(\frac{3}{2} U - \frac{3}{2} U \frac{x^2}{a^2} \right) = -p_f x + \frac{3}{2} \mu U.$$

(b) 半径 a の球面 (S) 上での積分は, $\displaystyle\int_S x dS = 0$, $\displaystyle\int_S dS = 4\pi a^2$ となることを用いて,

$$D = \int_S p_{ax} dS = \frac{3}{2a}\mu U \times 4\pi a^2 = 6\pi \mu a U.$$

参考文献

教科書

　この演習書を終えて次に何を勉強したらよいか．流体力学全般に興味をもち，もっと色々と勉強したいという方もおられるであろう．流体力学全般についての教科書として，次の2冊をあげる．

(1) 今井　功：流体力学（物理テキストシリーズ9，岩波書店，1970）
(2) 巽　友正：流体力学（新物理学シリーズ21，培風館，1982）

　(1) は，東北大学の理学部で開講している「流体力学」と「流体力学演習」で，長年，教科書として使用している本である．この演習書はこれら2冊の内容をふまえている．しかし，内容をしぼった結果，以下の問題を取り扱っていない．

　・拡張されたベルヌーイの定理を使用する問題．
　・誘導質量の問題（渦なし非圧縮完全流体の非定常流中の物体の問題）．
　・圧縮流体の問題（高速気流の問題）．
　・固有振動（静振）や有限振幅の波の問題．
　・粘性流体の運動の問題で，一方向流以外の問題．
　・境界層や境界層方程式の問題．
　・レイノルズ応力や，レイノルズの式の導出，乱流に関する問題．

これらの問題については，(1), (2) 等で勉強してほしい．

その他の参考文献

- 伊藤和行 (2010)：ヨハン・ベルヌーイ「水力学」における運動方程式，科学哲学科学史研究，**4**, 115-126.
- 今井　巧 (1981)：「入門現代の数学 3　流体力学と複素解析」，日本評論社.
- 小倉義光 (1994)：「お天気の科学―気象災害から身を守るために―」，森北出版.
- 木田重雄 (1994)：「流体方程式の解き方入門　速い流れと遅い流れの解析」，共立出版.
- 日野幹雄 (1974)：「理工学基礎講座 16　流体力学」，朝倉書店.
- 福本康秀 (2005)：渦運動の基礎知識　1. 渦度の運動学と力学，ながれ，**24**, 207-219.
- 福本康秀 (2006)：渦運動の基礎知識　6. 渦輪，ながれ，**25**, 265-280.
- 細井　豊 (1992)：「教養　流れの力学（下）―流れの科学―」，東京電機大学出版局.
- 望月　修・市川誠司 (2010)：「生物から学ぶ流体力学」，養賢堂.

索 引

著者紹介

境田太樹（さかいだ ふとき）

1993 年　東北大学大学院理学研究科 地球物理
　　　　学専攻 博士課程修了
　　　　博士（理学）
現　　在　東北大学大学院理学研究科 大気海洋
　　　　変動観測研究センター 准教授
専　　門　海洋物理学，衛星海洋学
趣 味 等　何かを収集すること

フロー式 物理演習シリーズ 15

流体力学
「流れ」を方程式で表すとは
Problems of Fluid Dynamics

2020 年 2 月 28 日　初版 1 刷発行
2023 年 9 月 10 日　初版 2 刷発行

検印廃止
NDC 423.8
ISBN 978-4-320-03514-0

著　者　境田太樹　ⓒ 2020
監　修　須藤彰三
　　　　岡　真
発行者　南條光章
発行所　共立出版株式会社

東京都文京区小日向 4-6-19
電話　03-3947-2511（代表）
郵便番号　112-0006
振替口座　00110-2-57035
URL www.kyoritsu-pub.co.jp

印　刷　大日本法令印刷
製　本　協栄製本

一般社団法人
自然科学書協会
会員

Printed in Japan

JCOPY ＜出版者著作権管理機構委託出版物＞
本書の無断複製は著作権法上での例外を除き禁じられています．複製される場合は，そのつど事前に，
出版者著作権管理機構（ＴＥＬ：03-5244-5088，ＦＡＸ：03-5244-5089，e-mail：info@jcopy.or.jp）の
許諾を得てください．